高等职业教育“十四五”规划教材
中国特色高水平高职专业建设计划成果
现代农业装备应用技术专业群系列教材

计算机网络基础与实践

刘　静　邢　丽　主编

中国农业大学出版社
·北京·

内容简介

2019 年初，“职教 20 条”提出“三教”改革，倡导使用新形态活页式、工作手册式教材并配套开发信息化资源。在此职教改革背景下，本书创新编写模式，以计算机网络体系结构的层次模型为主线，以实际的工作任务为载体，以学生为中心，以能力培养为本位，将理论学习与实践学习相结合，充分利用信息化教学资源，在设计上采用了任务引入—任务目标—知识准备—任务实施—任务小结—同步测试的框架模式，实现了从简单到复杂、由辅助到独立、由模糊到理解、从局部到整体的理实结合的教学目标。

本书中的任务实施使用 Packet Tracer 6.0 虚拟仿真实验平台。全书共设计 7 个工作任务，主要介绍了虚拟仿真平台 Packet Tracer 的使用、网络体系结构、物理层协议及通信基础知识、数据链路层的基本功能、网络层功能及工作过程、IPv4 编址及网络规划和配置等理论知识和实践技能。

本书具有较强的灵活性和较广泛的适用性，结构清晰，内容丰富，既可作为高等职业院校网络专业、电子信息类专业及其他相关专业的网络基础课程教材，还可作为对计算机网络技术感兴趣的相关人员的参考书。

图书在版编目(CIP)数据

计算机网络基础与实践/刘静，邢丽主编．--北京：中国农业大学出版社，2023.10

ISBN 978-7-5655-3057-9

Ⅰ.①计… Ⅱ.①刘… ②邢… Ⅲ.①计算机网络－高等职业教育－教材 Ⅳ.①TP393

中国国家版本馆 CIP 数据核字(2023)第 175672 号

书　　名　计算机网络基础与实践

作　　者　刘　静　邢　丽　主编

策划编辑　许晓婧　张秀环　　**责任编辑**　许晓婧

封面设计　李尘工作室

出版发行　中国农业大学出版社

社　　址　北京市海淀区圆明园西路 2 号　　**邮政编码**　100193

电　　话　发行部 010-62733489，1190　　读者服务部 010-62732336

编辑部 010-62732617，2618　　出　版　部 010-62733440

网　　址　http://www.caupress.cn　　**E-mail** cbsszs@cau.edu.cn

经　　销　新华书店

印　　刷　北京鑫丰华彩印有限公司

版　　次　2023 年 10 月第 1 版　2023 年 10 月第 1 次印刷

规　　格　185 mm×260 mm　16 开本　8.75 印张　214 千字

定　　价　32.00 元

编写人员

主　　编　刘　静　邢　丽

副 主 编　李桂兰　孙冠男　孟　男

参编人员　孟　程　张　洪　王刃峰　田学志

前　　言

党的二十大报告指出："教育、科技、人才是全面建设社会主义现代化国家的基础性、战略性支撑。"这为我国教育、科技和人才事业未来发展提供了重要遵循。"职教 20 条"提出"三教"改革，倡导使用新形态活页式、工作手册式教材并配套开发信息化资源。在此职教改革背景下，本书创新编写模式，以计算机网络体系结构的层次模型为主线，以实际的工作任务为载体，以学生为中心，以能力培养为本位，将理论学习与实践学习相结合，充分利用信息化教学资源，在设计上采用了任务引入—任务目标—知识准备—任务实施—任务小结—同步测试的框架模式，实现了从简单到复杂、由辅助到独立、由模糊到理解、从局部到整体的理实结合的教学目标。

本教材中的任务实施使用 Packet Tracer 6.0 虚拟仿真实验平台。全书共设计 7 个工作任务，任务 1 网络初探中主要学习虚拟仿真平台 Packet Tracer 的使用，任务 2 捕获和分析网络数据中主要学习网络体系结构，任务 3 简单局域网探究中主要学习物理层协议及通信基础知识，任务 4 数据链路层问题探究中学习数据链路层的基本功能及数据帧结构，任务 5 路由 IP 数据包中主要学习网络层功能及分析工作过程，任务 6 网络编址主要学习 IPv4 编址及网络规划和配置等内容，任务 7 网络规划和配置主要学习对前面任务知识和技能要点的综合应用，为综合实践内容。教材在任务设计上以网络体系模型为主线，任务 1 和任务 2 为网络概述和体系模型分析，为总领任务，因此需要先进行学习；任务 3 至任务 6 完全围绕体系模型展开，可以正序或逆序讲解，只要教师在任务实施前讲解以体系模型的思维导图为依托引入任务需求即可，所以可以灵活地开展教学；任务 7 为综合实践内容，需要具有一定的网络理论和实践能力，因此建议在完成前面内容学习后进行。

本教材具有较强的灵活性和较广泛的适用性，结构清晰，内容丰富，既可作为高等职业院校网络专业、电子信息类专业及其他相关专业的网络基础课程教材，还可作为对计算机网络技术感兴趣的相关人员的参考书。在教学过程中，建议安排 64 学时，16 个教学周，每周 4 学时。

致教师：

本教材的编者作为校企"双元"开发团队成员，根据多年的企业工作及教学经验，在教材开发过程中，制作了大量的教学辅助资源，如课程大纲、授课计划、电子教案、工作原理动画演示视频、同步测试题、同步测试讲解视频、PPT 课件、实践技能演示操作视频、试题库、实践技能训练包、课程思政设计等，授课教师可以自行下载。

致学生：

本教材以网络管理员、网络运维工程师、网络系统分析师等计算机网络技术相关工作岗位能接触到的网络职业技能要求为目标，旨在培养学生计算机网络的基础知识和组网实践能力。课程教学依托课程资源平台，学生可以在平台上获取学习资源，培养学生的自主学习能力和习惯。

本教材由黑龙江农业工程职业学院刘静、邢丽担任主编，刘静负责编写任务1、任务2、任务3，邢丽负责编写任务4、任务5、任务6，黑龙江农业工程职业学院李桂兰、孙冠男、孟男担任副主编，李桂兰负责编写任务7。孙冠男、孟男进行了全书的统稿工作，黑龙江农业工程职业学院孟程、张洪、王刃峰、田学志制作了本教材的课件、视频及实验源文件。在教材编写过程中还得到了企业的大力支持和企业工程师的协助，并参考了大量的相关资料，结合了许多同人的宝贵经验，在此深表感谢！

知识浩瀚，由于编者水平有限，因此书中不妥之处在所难免，真心期待各位专家、读者斧正。

编　者

2023年3月

目　录

任务 1　网络初探 …… 1

1.1　任务引入 …… 1
1.2　任务目标 …… 1
1.3　知识准备 …… 2
1.3.1　计算机网络系统概念 …… 2
1.3.2　计算机网络系统构成 …… 2
1.3.3　计算机网络的分类 …… 2
1.4　任务实施 …… 5
子任务 1　Packet Tracer 6.0 的安装 …… 5
子任务 2　Packet Tracer 6.0 的使用 …… 13
子任务 3　拓扑布局和建立小型网络 …… 19
1.5　任务小结 …… 24
1.6　同步测试 …… 24

任务 2　捕获和分析网络数据 …… 26

2.1　任务引入 …… 26
2.2　任务目标 …… 26
2.3　知识准备 …… 27
2.3.1　为什么要使用分层模型 …… 27
2.3.2　OSI 参考模型 …… 27
2.3.3　TCP/IP 协议模型 …… 29
2.3.4　封装和解封 …… 30
2.3.5　比较 OSI 参考模型与 TCP/IP 协议模型 …… 32
2.4　任务实施 …… 33
子任务 1　使用 ping 命令抓包测试网络 OSI 参考模型的工作过程 …… 33
子任务 2　使用 HTTP 协议验证 OSI 参考模型 7 层工作过程 …… 38
2.5　任务小结 …… 41
2.6　同步测试 …… 41

任务 3　简单局域网探究 …… 43

3.1　任务引入 …… 43

3.2 任务目标 …… 43
3.3 知识准备 …… 44
3.3.1 物理层的用途 …… 44
3.3.2 数据的传输能力 …… 44
3.3.3 物理介质的类型 …… 45
3.3.4 制作直通网线 …… 48
3.3.5 制作交叉网线 …… 50
3.4 任务实施 …… 51
子任务1 使用正确的线缆连接网络设备 …… 51
子任务2 组建无线局域网 …… 52
3.5 任务小结 …… 54
3.6 同步测试 …… 55

任务4 数据链路层问题探究 …… 57

4.1 任务引入 …… 57
4.2 任务目标 …… 58
4.3 知识准备 …… 58
4.3.1 数据帧的传输 …… 58
4.3.2 创建帧 …… 58
4.3.3 数据链路子层 …… 61
4.4 任务实施 …… 62
子任务1 探究数据链路层数据帧结构 …… 62
子任务2 探究无线局域网数据帧结构 …… 66
4.5 任务小结 …… 67
4.6 同步测试 …… 67

任务5 路由IP数据包 …… 69

5.1 任务引入 …… 69
5.2 任务目标 …… 69
5.3 知识准备 …… 70
5.3.1 从主机到主机的通信 …… 70
5.3.2 IPv4的基本特征 …… 71
5.3.3 封装传输层PDU …… 72
5.3.4 网络的出口——默认网关 …… 72
5.3.5 路由表 …… 73
5.4 任务实施 …… 73
子任务1 路由IP数据包 …… 73
子任务2 使用路由器实现不同网络地址通信 …… 81

5.5 任务小结 …… 82
5.6 同步测试 …… 83

任务6 网络编址-IPv4 …… 85

6.1 任务引入 …… 85
6.2 任务目标 …… 85
6.3 知识准备 …… 86
6.3.1 剖析IPv4地址 …… 86
6.3.2 进制基础 …… 86
6.3.3 常用进制间的转换 …… 88
6.3.4 IP(IPv4)地址的分类 …… 92
6.3.5 子网掩码 …… 94
6.3.6 地址类型 …… 95
6.3.7 使用子网掩码计算主机的地址 …… 96
6.4 任务实施 …… 99
子任务1 使用ping命令验证网络的连通性 …… 99
子任务2 使用tracert命令验证网络的连通性 …… 102
子任务3 IPv4地址的子网划分 …… 103
6.5 任务小结 …… 105
6.6 同步测试 …… 106

任务7 网络规划和配置 …… 108

7.1 任务引入 …… 108
7.2 任务目标 …… 109
7.3 知识准备 …… 109
7.3.1 选择LAN设备 …… 109
7.3.2 设备互连 …… 110
7.3.3 介质类型 …… 110
7.3.4 设备接口 …… 112
7.3.5 建立WAN连接 …… 112
7.3.6 制定编址方案 …… 113
7.4 任务实施 …… 117
子任务1 使用不同类型介质连接设备 …… 117
子任务2 IP地址规划与计算 …… 119
子任务3 综合技巧练习1 …… 123
子任务4 综合技巧练习2 …… 124
7.5 任务小结 …… 126
7.6 同步测试 …… 127

参考文献 …… 129

任务1 网络初探

1.1 任务引入

网络与我们的学习和生活息息相关，之前我们一直是网络的使用者，使用网络购物、传输数据、检索学习资源等，而从学习计算机网络基础课程开始，我们将从专业人员的角度了解计算机网络的概念、构成和分类，并运用这些理论知识，使用虚拟仿真实验平台 Packet Tracer 6.0 进行网络拓扑的布局与组建小型局域网(图 1-1)，并使用网络测试命令检测所组建网络的连通性，下面就让我们开启网络初探之旅。

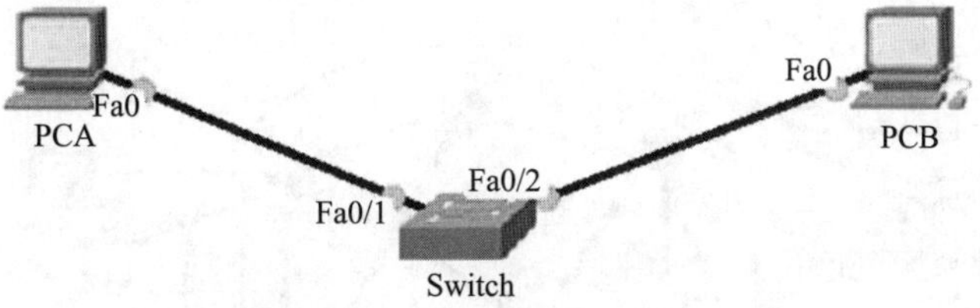

图 1-1 小型局域网拓扑

1.2 任务目标

- ✓ 了解计算机网络系统的概念。
- ✓ 了解计算机网络系统的构成。
- ✓ 辨析通信子网和资源子网的组成。
- ✓ 掌握计算机网络的分类。
- ✓ 能够完成 Packet Tracer 6.0 软件的安装与汉化。
- ✓ 能够进行网络拓扑布局与组建小型局域网。
- ✓ 能够进行小型局域网的 IP 配置与连通性测试。
- ✓ 培养学生注重细节、认真严谨的学习态度。
- ✓ 培养学生独立分析问题与解决问题的能力。

1.3 知识准备

1.3.1 计算机网络系统概念

计算机网络系统就是利用通信设备和线路将地理位置不同、功能独立的多个计算机系统互联起来，以功能完善的网络软件实现网络中资源共享和信息传递的系统。通过计算机的互联，实现计算机之间的通信，从而实现计算机系统之间的信息、软件和设备资源的共享以及协同工作等功能，其本质特征在于提供计算机之间的各类资源的高度共享，实现便捷地交流信息和交换思想。

1.3.2 计算机网络系统构成

一个完整的计算机网络系统在逻辑上由资源子网和通信子网构成。资源子网负责信息处理，提供资源；通信子网负责全网中的数据通信，信息传送。典型的计算机网络系统示意图如图 1-2 所示。

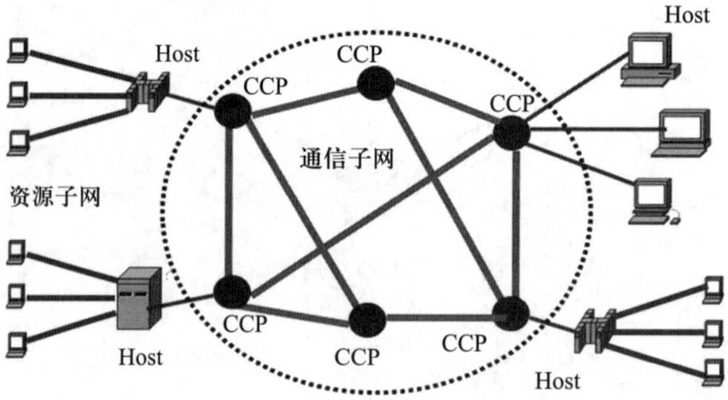

图 1-2 计算机网络系统示意图

资源子网由主机、用户终端、网络外部设备、各种软件与硬件资源组成；通信子网主要由网络节点和通信链路组成，网络节点一般指交换机、路由器等，通信链路可以是电话线、同轴电缆或者光纤，也可以是无线传输介质。

构成计算机网络系统的要素：

(1)计算机系统：工作站(终端设备，或称客户机)，通常是个人计算机(Personal Computer，PC)或网络服务器(通常都是高性能计算机)。

(2)网络通信设备：网络交换设备、互联设备和传输设备，包括网卡、网线、集线器(HUB)、交换机、路由器等。

(3)网络外部设备：如高性能打印机、大容量硬盘等。

(4)网络软件：包括网络操作系统，如 UNIX、Linux、Windows 操作系统及网络管理软件等。

1.3.3 计算机网络的分类

1. 按照覆盖地理范围分类

按照覆盖的地理范围进行分类，计算机网络可以分为局域网、城域网和广域网三类。

(1)局域网(Local Area Network,LAN):局域网是一种在小区域内使用的,由多台计算机组成的网络,覆盖范围通常局限在 10 km 范围之内,属于一个单位或部门组建的小范围网。

(2)城域网(Metropolitan Area Network,MAN):城域网是作用范围在广域网与局域网之间的网络,其网络覆盖范围通常可以延伸到整个城市,借助通信光纤将多个局域网联通公用城市网络形成大型网络,使得不仅局域网内的资源可以共享,局域网之间的资源也可以共享。

(3)广域网(Wide Area Network,WAN):广域网是一种远程网,涉及长距离的通信,覆盖范围可以是一个或多个国家,甚至整个世界。由于广域网地理上的距离可以超过几千千米,所以信息衰减非常严重,这种网络一般要租用专线,通过接口信息处理协议和线路连接起来,构成网状结构,解决寻径问题。

2. 按照拓扑结构分类

计算机网络的拓扑结构,是指网上计算机或设备与传输媒介形成的节点与线的物理构成模式。网络的节点有两类:一类是转换和交换信息的转接节点,包括节点交换机、集线器和终端控制器等;另一类是访问节点,包括计算机主机和终端等。线则代表各种传输介质,包括有线的和无线的。

计算机网络的拓扑结构主要有:星形拓扑、总线形拓扑、环形拓扑、树形拓扑和网形拓扑。

(1)星形拓扑:星形拓扑是由中央节点和通过点到点通信链路接到中央节点的各个站点组成。中央节点执行集中式通信控制策略,因此中央节点相当复杂,而各个站点的通信处理负担都很小,适合于局域网(LAN)的通信,如图 1-3 所示。

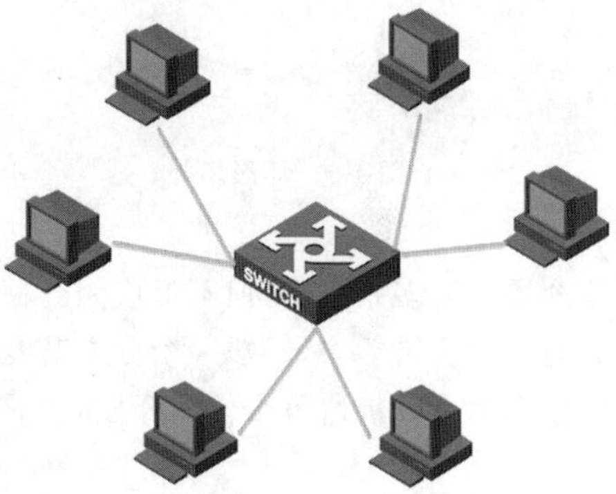

图 1-3　星形拓扑

星形拓扑结构的优点:

①结构简单,连接方便,管理和维护都相对容易,而且扩展性强。

②网络延迟时间较小,传输误差低。

③在同一网段内支持多种传输介质,除非中央节点故障,否则网络不会轻易瘫痪。

④每个节点直接连到中央节点,故障容易检测和隔离,可以很方便地排除有故障的节点。因此,星形网络拓扑结构是目前应用最广泛的一种网络拓扑结构。

(2)总线形拓扑:总线形拓扑结构是将网络中的所有设备通过相应的硬件接口直接连接到公共总线上,节点之间按广播方式通信,一个节点发出的信息,总线上的其他节点均可“收听”到,如图 1-4 所示。

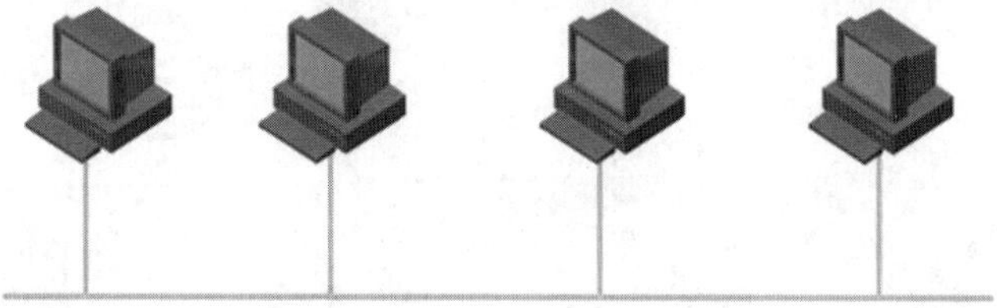

图 1-4　总线形拓扑

总线形拓扑结构的优点：

①总线结构所需要的电缆数量少。

②总线结构简单，又是无源工作，有较高的可靠性。

③易于扩充，增加或减少用户比较方便。

④布线容易。

(3)环形拓扑：环形网中各节点通过环路接口连在一条首尾相连的闭合环形通信线路中，就是把每台 PC 连接起来，数据沿着环依次通过每台 PC 直接到达目的地，环路上任何节点均可以请求发送信息。请求一旦被批准，便可以向环路发送信息。环形网中的数据可以是单向也可以是双向传输。环形拓扑结构网络中某一个节点出现故障可能导致整个网络瘫痪，如图 1-5 所示。

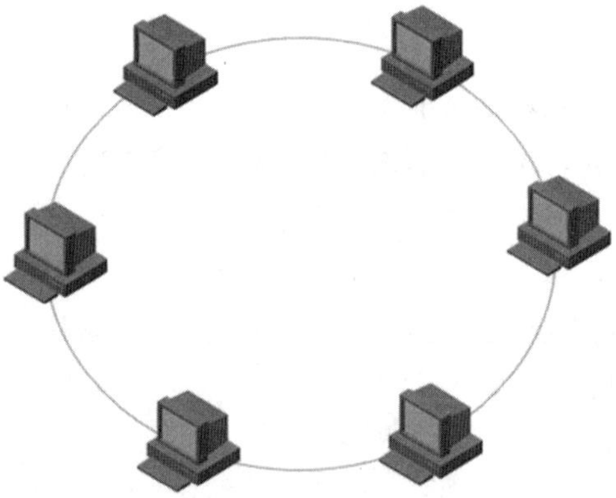

图 1-5 环形拓扑

环形拓扑结构的优点：

①结构简单。

②增加或减少工作站时，仅需简单的连接操作。

③可使用光纤，传输距离远。

④电缆长度短。

⑤传输延迟确定。

⑥信息在网络中沿固定方向流动，两个节点间仅有唯一的通路，大大简化了路径选择的控制。

(4)树形拓扑：树形拓扑从总线拓扑演变而来，形状像一棵倒置的树，顶端是树根，树根以下带分支，每个分支还可再带子分支。它是总线形结构的扩展，是在总线网上加上分支形成的，其传输介质可有多条分支，但不形成闭合回路，树形网是一种分层网，其结构可以对称，联系固定，具有一定容错能力，一般一个分支节点的故障不影响另一分支节点的工作，任何一个节点送出的信息都可以传遍整个传输介质，也是广播式网络，如图 1-6 所示。

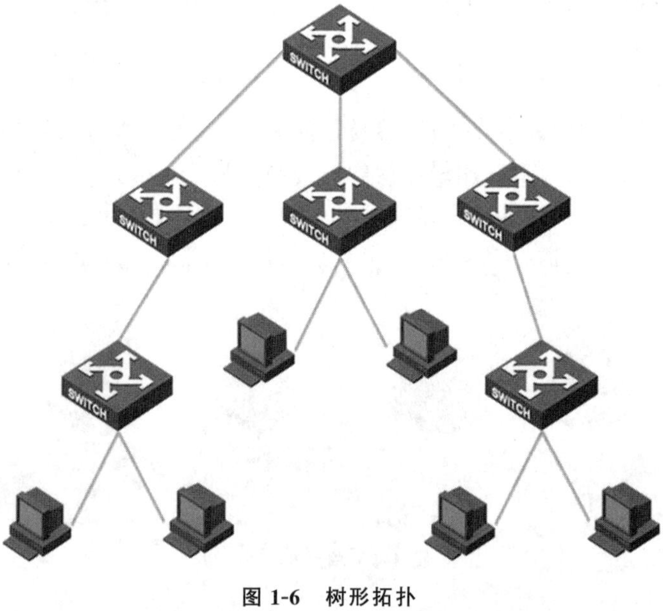

图 1-6 树形拓扑

树形拓扑结构的优点：

①连接简单，维护方便，适用于汇集信息的应用要求。

②易于扩展。

③故障隔离较容易。

(5)网形拓扑：网形拓扑又称作无规则结构，节点之间的连接是任意的，没有规律。就是将多个子网或多个局域网连接起来构成网际拓扑结构。目前，实际存在与使用的广域网基本都是采用网形拓扑结构。在一个子网中，集线器和中继器将多个设备连接起来，而桥接器、路由器及网关则将子网连接起来，如图 1-7 所示。

网形拓扑结构的优点：

①节点间路径多，碰撞和阻塞减少。

②局部故障不影响整个网络，可靠性高。

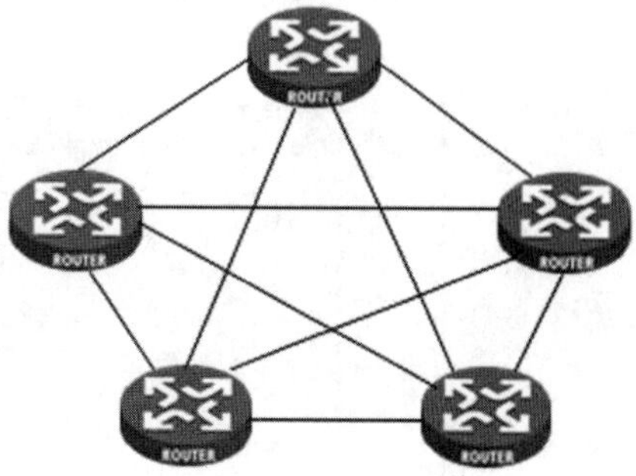
ROUTER
ROUTER
ROUTER
ROUTER
ROUTER

图 1-7 网形拓扑

1.4 任务实施

子任务 1 Packet Tracer 6.0 的安装

思科模拟器(Packet Tracer)是由 Cisco 公司发布的一个辅助学习工具，为学习计算机网络相关课程的初学者设计、配置、排除网络故障提供了网络模拟环境。学习者可在软件的图形用户界面上直接使用拖曳方法建立网络拓扑和配置设备，并观察网络数据包实时运行情况(本书所有实验均在 Packet Tracer 6.0 版本上运行)。

(1)双击 Packet Tracer 软件安装包，单击【Next】按钮，如图 1-8 所示。

Setup - Cisco Packet Tracer 6.0
Welcome to the Cisco Packet Tracer 6.0 Setup Wizard
This will install Cisco Packet Tracer 6.0 on your computer.
It is recommended that you close all other applications before continuing.
Click Next to continue, or Cancel to exit Setup.
Next >
Cancel

图 1-8 安装步骤 1

(2)选择 I accept the agreement,再单击【Next】按钮,如图 1-9 所示。

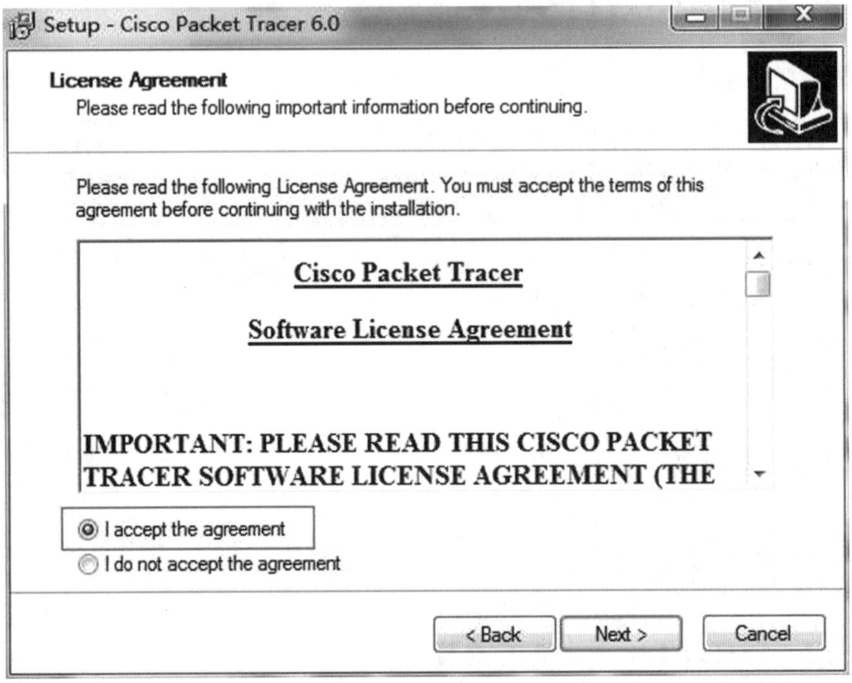
Setup - Cisco Packet Tracer 6.0
License Agreement
Please read the following important information before continuing.
Please read the following License Agreement. You must accept the terms of this agreement before continuing with the installation.
Cisco Packet Tracer
Software License Agreement
IMPORTANT: PLEASE READ THIS CISCO PACKET TRACER SOFTWARE LICENSE AGREEMENT (THE
I accept the agreement
I do not accept the agreement
< Back
Next >
Cancel

图 1-9　安装步骤 2

(3)选择安装目录(一般默认路径就可以),单击【Next】按钮,如图 1-10 所示。

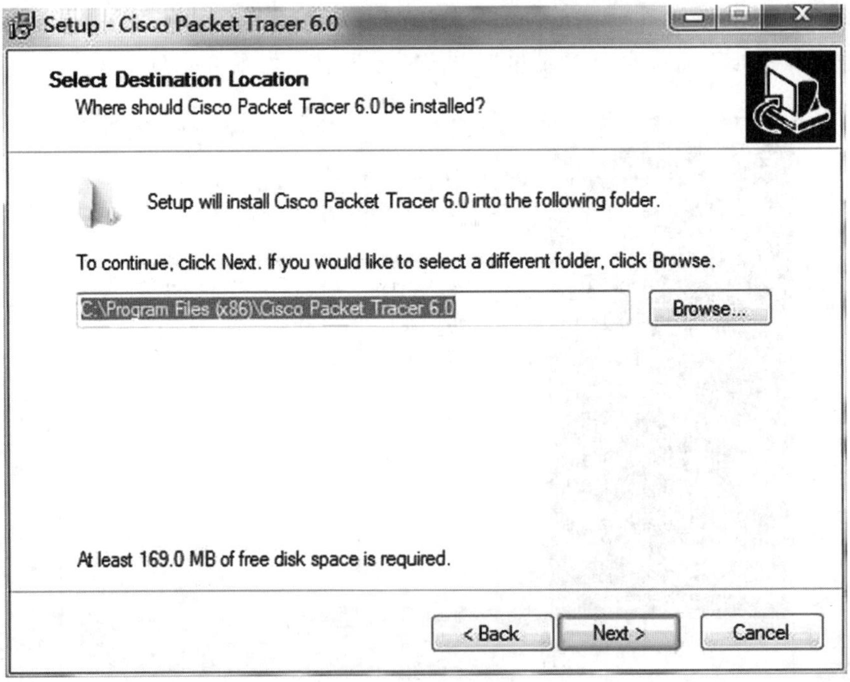
Setup - Cisco Packet Tracer 6.0
Select Destination Location
Where should Cisco Packet Tracer 6.0 be installed?
Setup will install Cisco Packet Tracer 6.0 into the following folder.
To continue, click Next. If you would like to select a different folder, click Browse.
C:\Program Files (x86)\Cisco Packet Tracer 6.0
Browse...
At least 169.0 MB of free disk space is required.
< Back
Next >
Cancel

图 1-10　安装步骤 3

(4)设置开始菜单中目录的名称(一般默认即可),单击【Next】按钮,如图 1-11 所示。

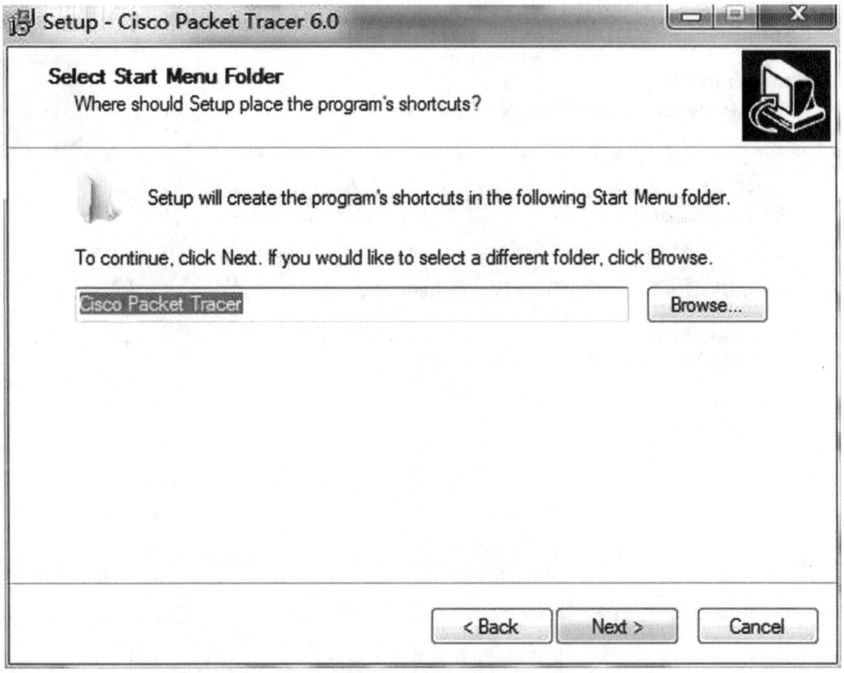
Setup - Cisco Packet Tracer 6.0
Select Start Menu Folder
Where should Setup place the program's shortcuts?
Setup will create the program's shortcuts in the following Start Menu folder.
To continue, click Next. If you would like to select a different folder, click Browse.
Cisco Packet Tracer
Browse...
< Back
Next >
Cancel

图 1-11　安装步骤 4

(5)选择是否创建桌面快捷方式,可根据个人习惯设置(此处勾选),单击【Next】按钮,如图 1-12 所示。

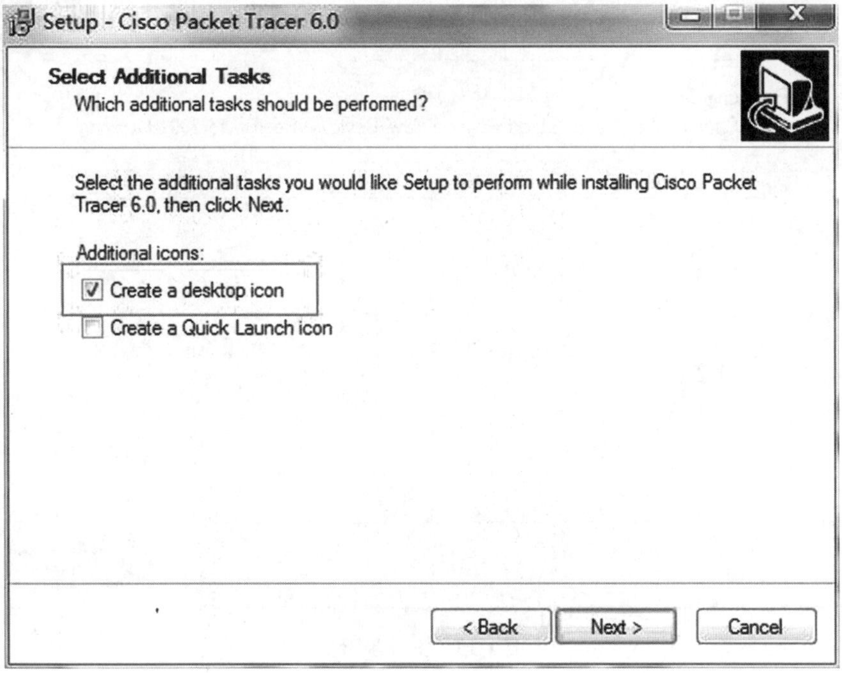
Setup - Cisco Packet Tracer 6.0
Select Additional Tasks
Which additional tasks should be performed?
Select the additional tasks you would like Setup to perform while installing Cisco Packet Tracer 6.0, then click Next.
Additional icons:
Create a desktop icon
Create a Quick Launch icon
< Back
Next >
Cancel

图 1-12　安装步骤 5

(6)单击【Install】按钮开始安装,如图 1-13 所示。

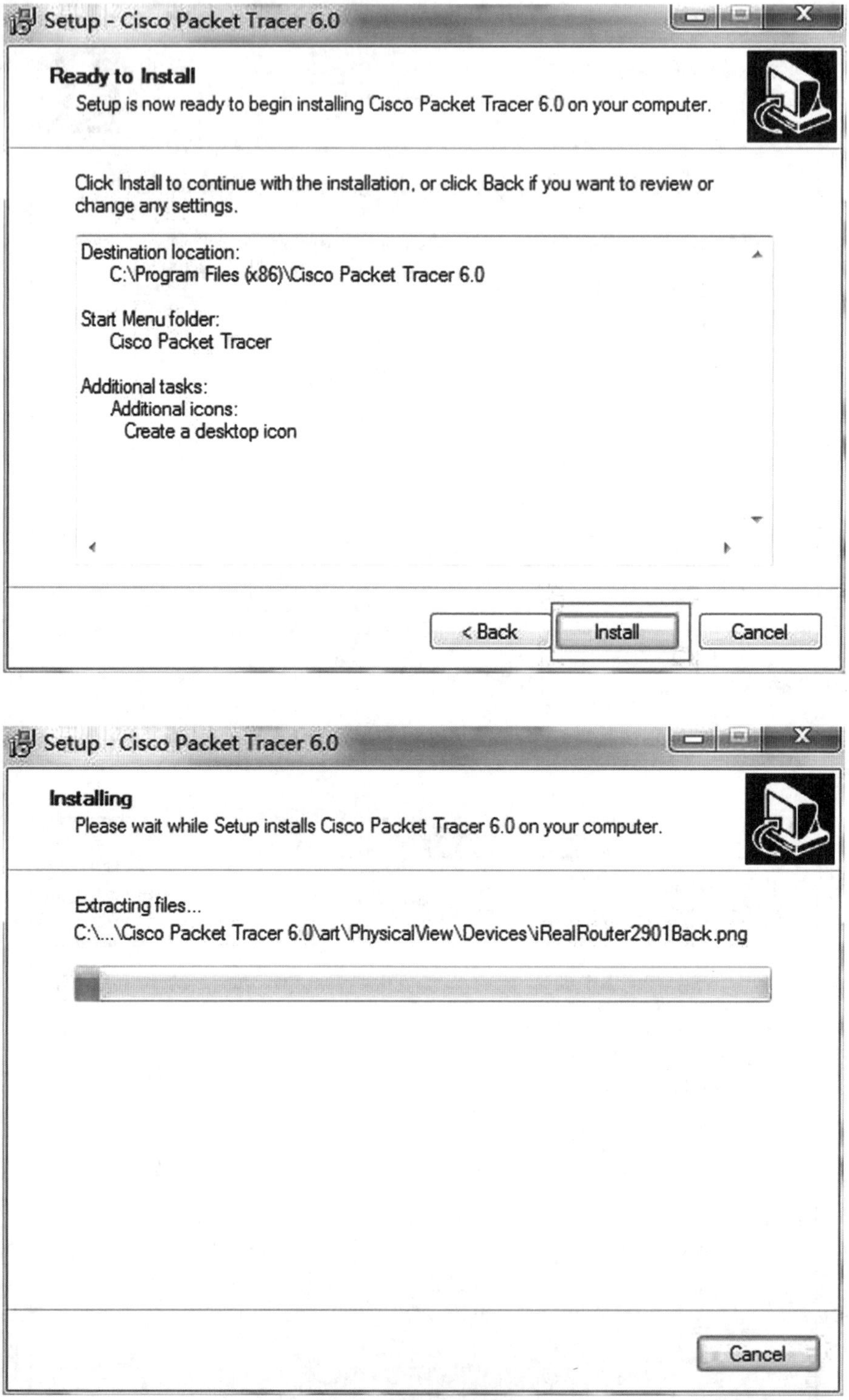
Setup - Cisco Packet Tracer 6.0
Ready to Install
Setup is now ready to begin installing Cisco Packet Tracer 6.0 on your computer.
Click Install to continue with the installation, or click Back if you want to review or change any settings.
Destination location:
C:\Program Files (x86)\Cisco Packet Tracer 6.0
Start Menu folder:
Cisco Packet Tracer
Additional tasks:
Additional icons:
Create a desktop icon
< Back
Install
Cancel
Setup - Cisco Packet Tracer 6.0
Installing
Please wait while Setup installs Cisco Packet Tracer 6.0 on your computer.
Extracting files...
C:\...\Cisco Packet Tracer 6.0\art\PhysicalView\Devices\iRealRouter2901Back.png
Cancel

图 1-13　安装步骤 6

(7)安装结束后,勾选 Launch Cisco Packet Tracer 按钮,单击【Finish】按钮后立即运行软件,如图 1-14 所示。

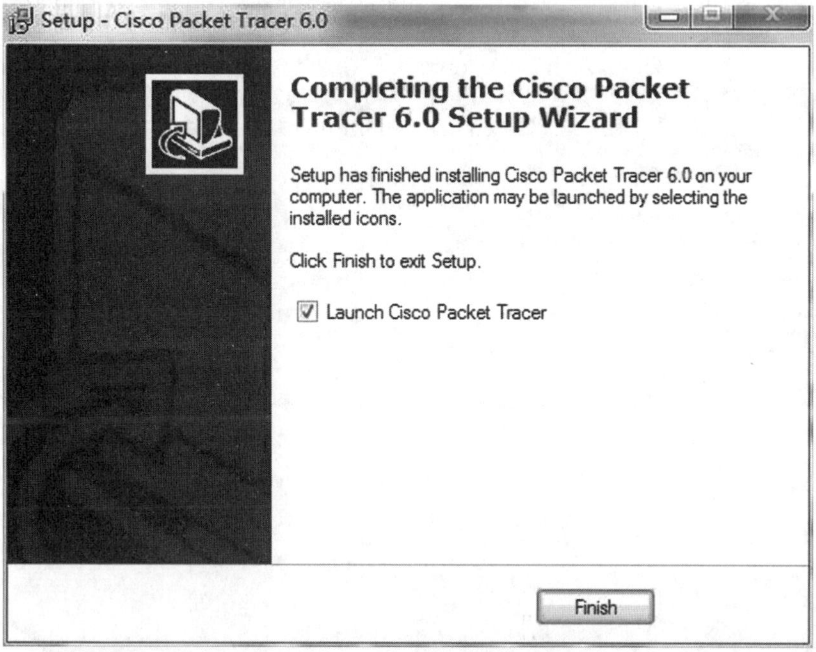

图 1-14　安装步骤 7

(8)进入 Packet Tracer 界面,如图 1-15 所示。

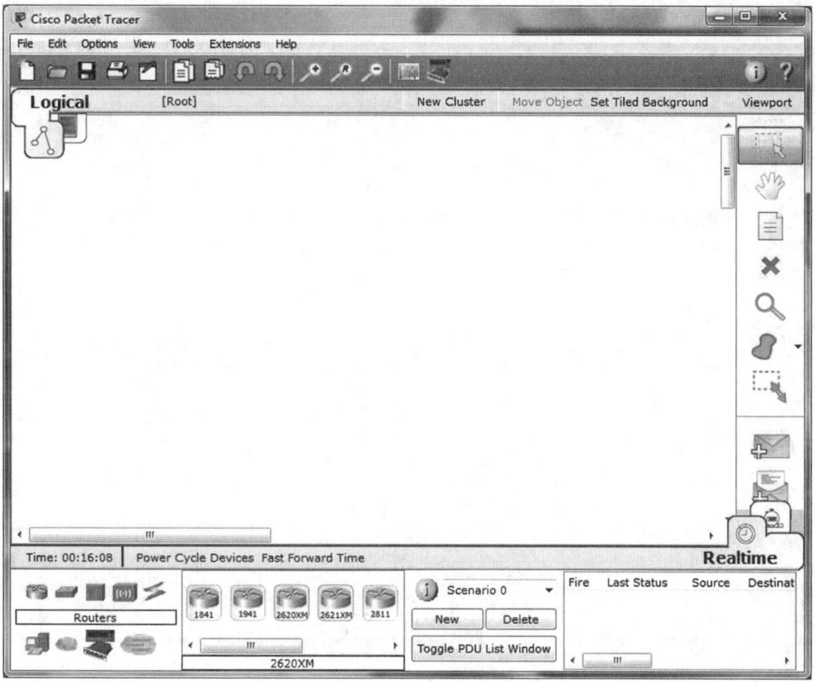

图 1-15　安装步骤 8

(9)进入界面,所有的使用环境均为英文环境,如不习惯,可以下载汉化包进行汉化,具体汉化过程如下:

①下载安装好 Cisco Packet Tracer 6.0(下文简写为 Cisco PT 6.0),打开安装目录,如图1-16 所示。

图 1-16　汉化步骤 1

②打开"languages"文件夹,如图 1-17 所示。

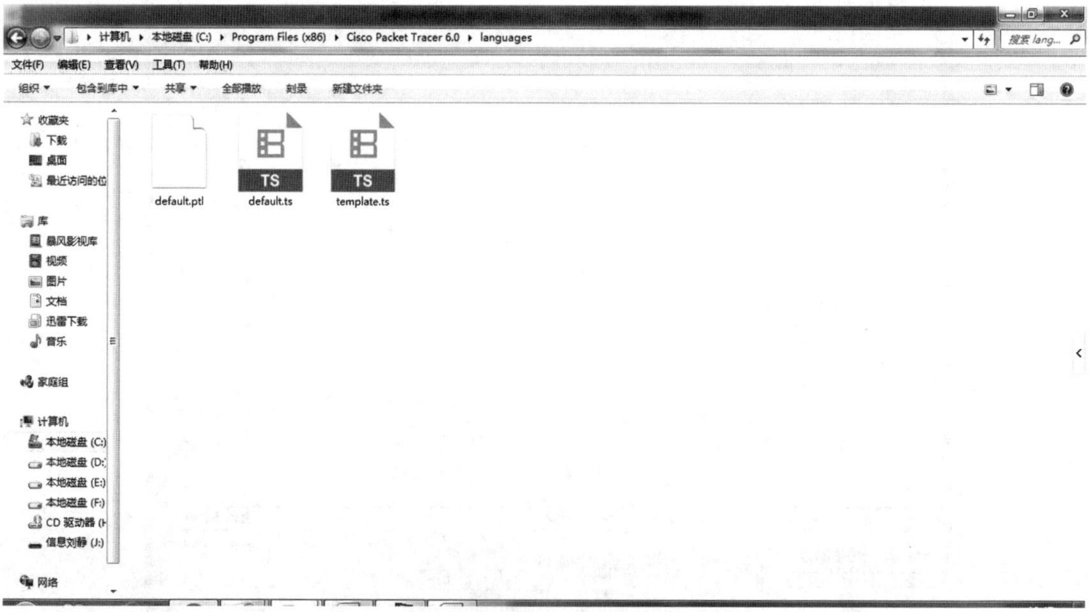

图 1-17　汉化步骤 2

③将下载的汉化文件复制粘贴到这里，如图 1-18 所示。

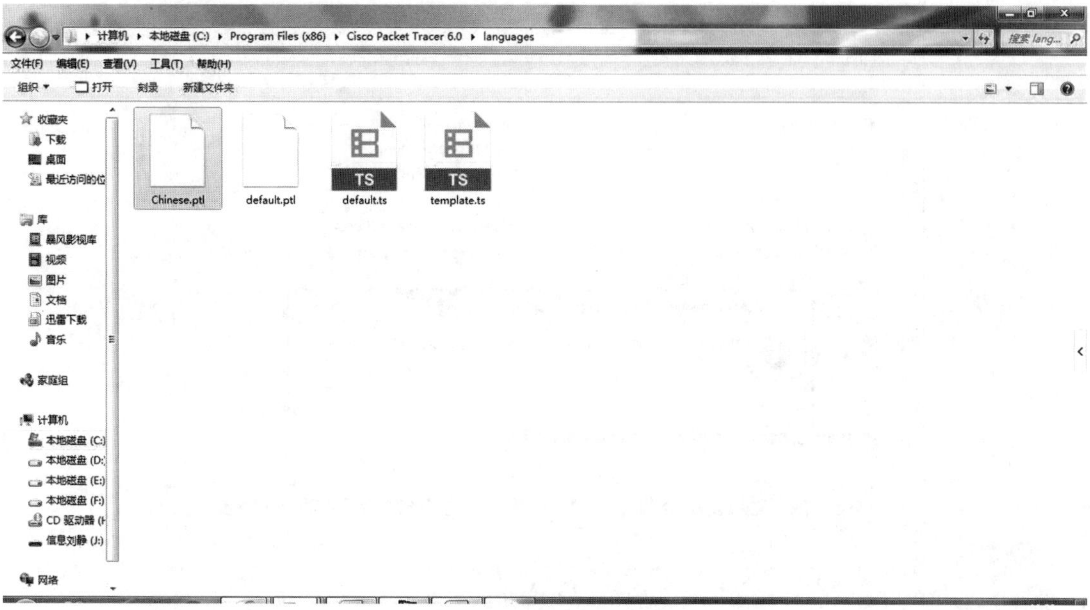

图 1-18　汉化步骤 3

④打开 Cisco PT 6. 0 软件，Options→Preferences 选项，如图 1-19 所示。

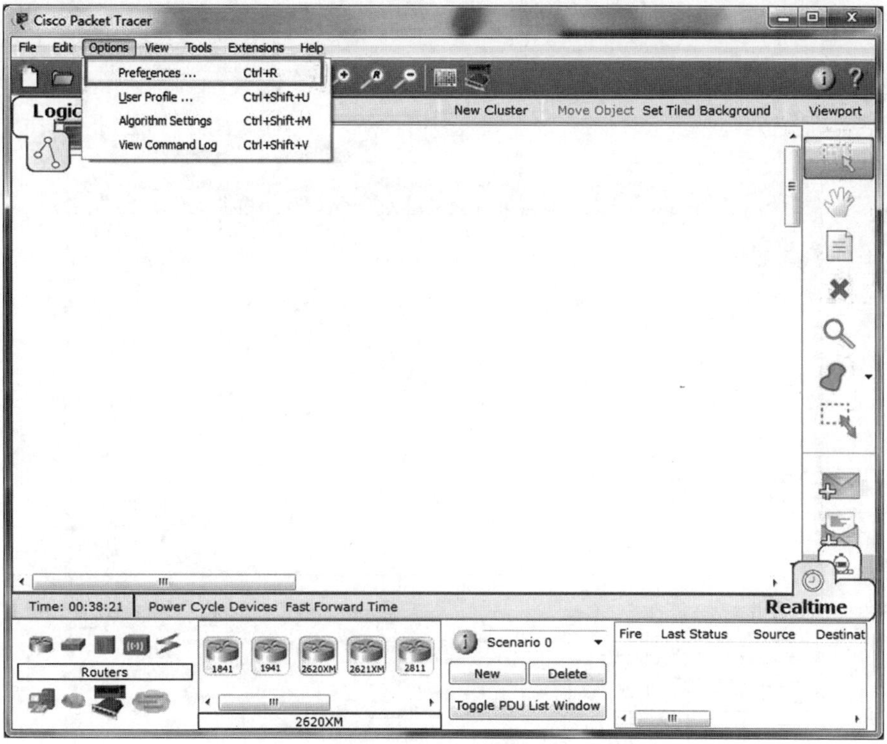

图 1-19　汉化步骤 4

⑤选择 Chinese. ptl，然后点击 Change Language(更改语言包)，点击【OK】，如图 1-20 所示。

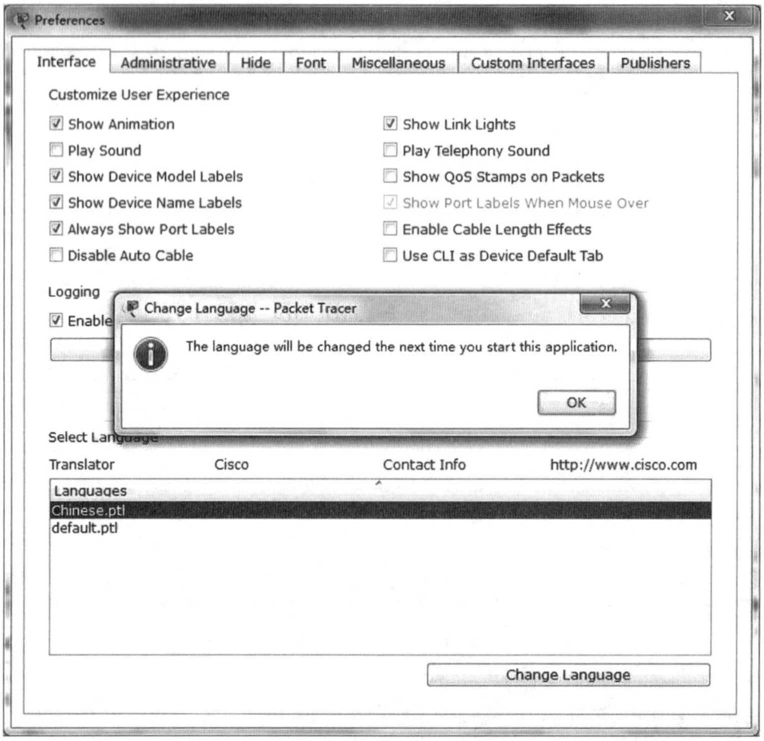

图 1-20　汉化步骤 5

⑥最后重新启动 PT 软件，如图 1-21 所示。

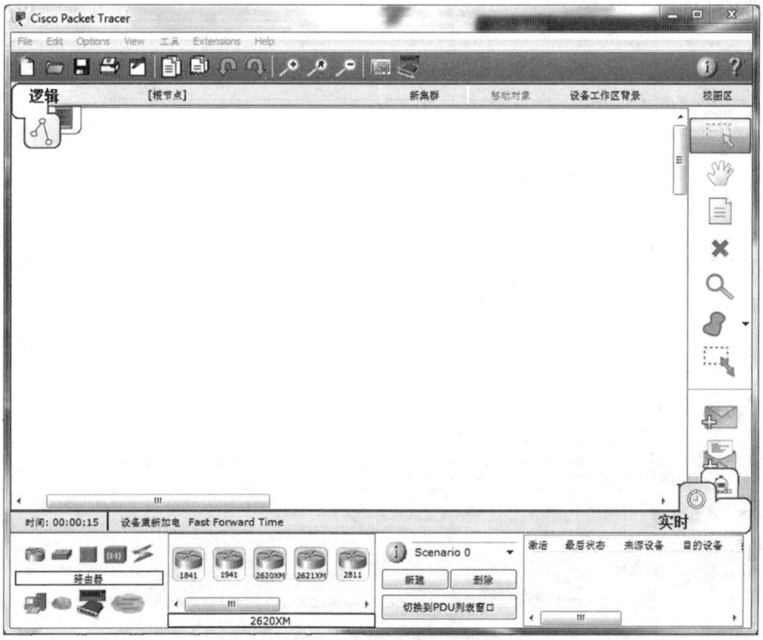

图 1-21　汉化步骤 6

子任务 2　Packet Tracer 6.0 的使用

安装 Cisco Packet Tracer 6.0 软件，打开后进入软件界面如图 1-22 所示，右侧是一些工具栏，左下栏为模拟的设备栏。平时使用时直接用鼠标拖进工作区就可以，如图 1-22 所示。

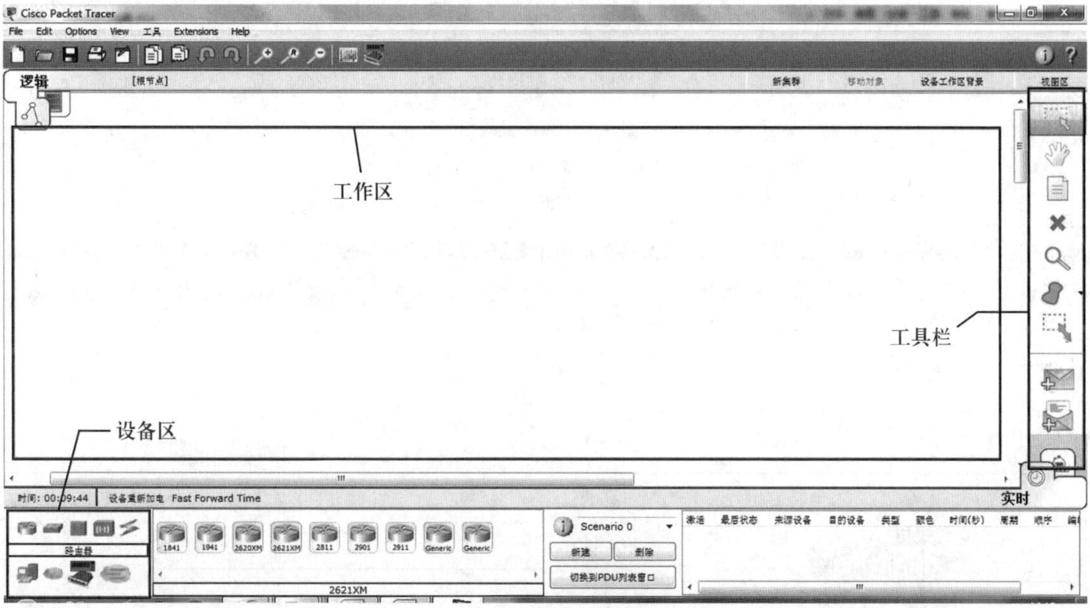

图 1-22　PT 界面图

点击左下方的设备组就可以在右方选到对应的设备型号。如果不清楚对应的设备是什么，可以把鼠标移动到设备上，PT 软件可以提示设备的名称，路由器设备组各种型号设备如图 1-23 所示。

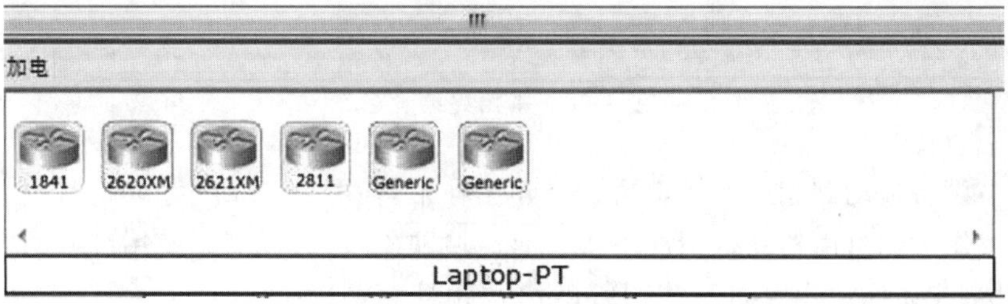

图 1-23　路由器设备

交换机设备组各种型号设备如图 1-24 所示。

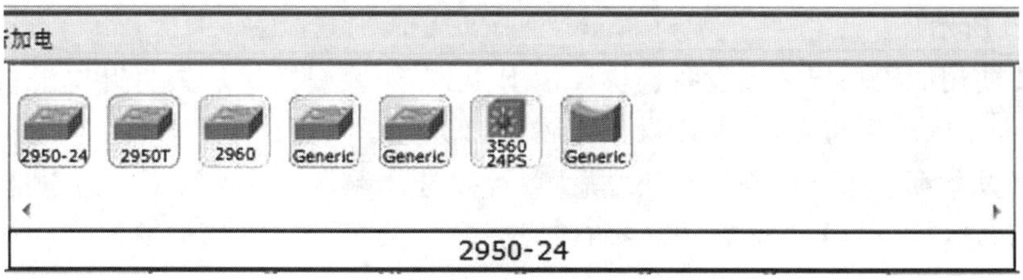

图 1-24　交换机设备

常用连接线缆如图 1-25 所示。

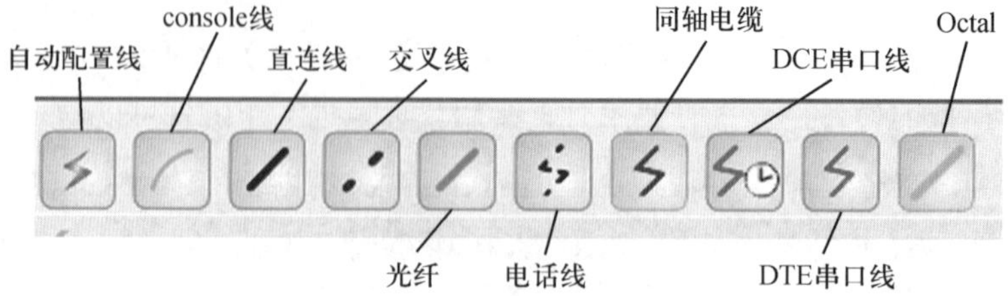

图 1-25　连接线缆

常用终端设备如图 1-26 所示。

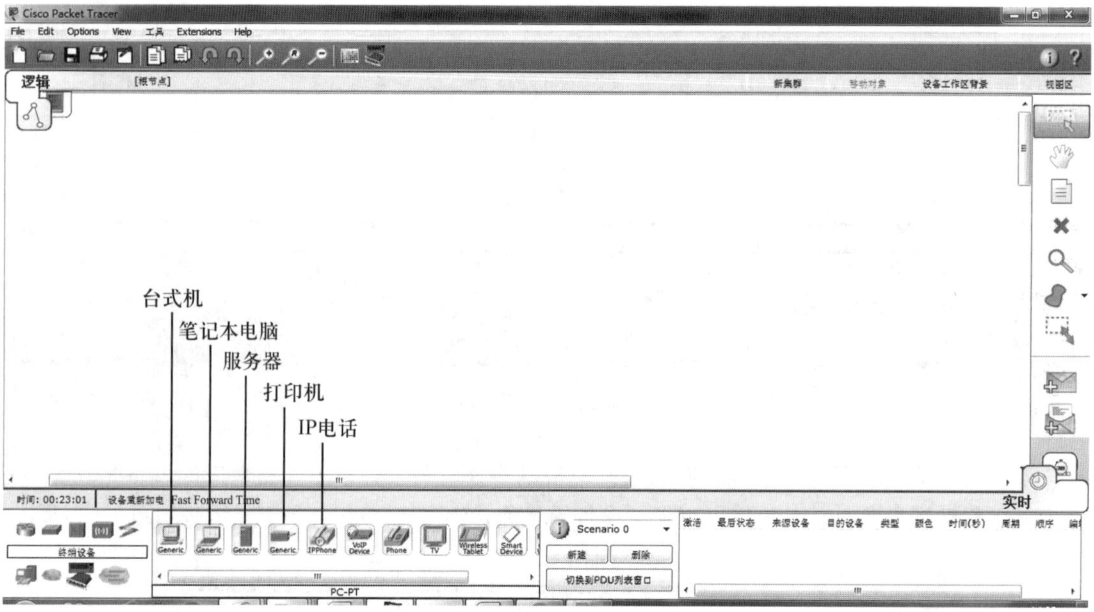

图 1-26　常用终端设备

只要选中设备拖动到相应区域就可以搭建拓扑了，如图 1-27 所示。

添加到工作区的路由器默认情况下不具有广域网模块，所以当想使用广域网模块时，需要手动添加模块，具体添加步骤如下(以 Router0 路由器为例)：

(1)单击工作区中的路由器设备 Router0，将弹出路由器物理设备视图，如图 1-28 所示。

(2)设备不支持热插拔，添加模块前，一定要关闭电源，如图 1-29 所示。

(3)左侧模块就是对应的模块选择区。选择对应模块时，下方会有相应的端口说明和图示，如图 1-30 所示。

(4)将要使用的模块拖动到设备模块插槽中，记得安装好模块后要打开电源，即可使用设备模块进行设备的配置与管理，具体操作如图 1-31 所示。

(5)所有设备都按照要求添加模块之后，就可以选择端口开始连线了。由于目前还没有学习传输介质和端口，所以初学者可以选择自动连接线，然后分别点选你要连接的设备，具体实操以 Router0 和 Router1 的连接举例，如图 1-32、图 1-33 所示。

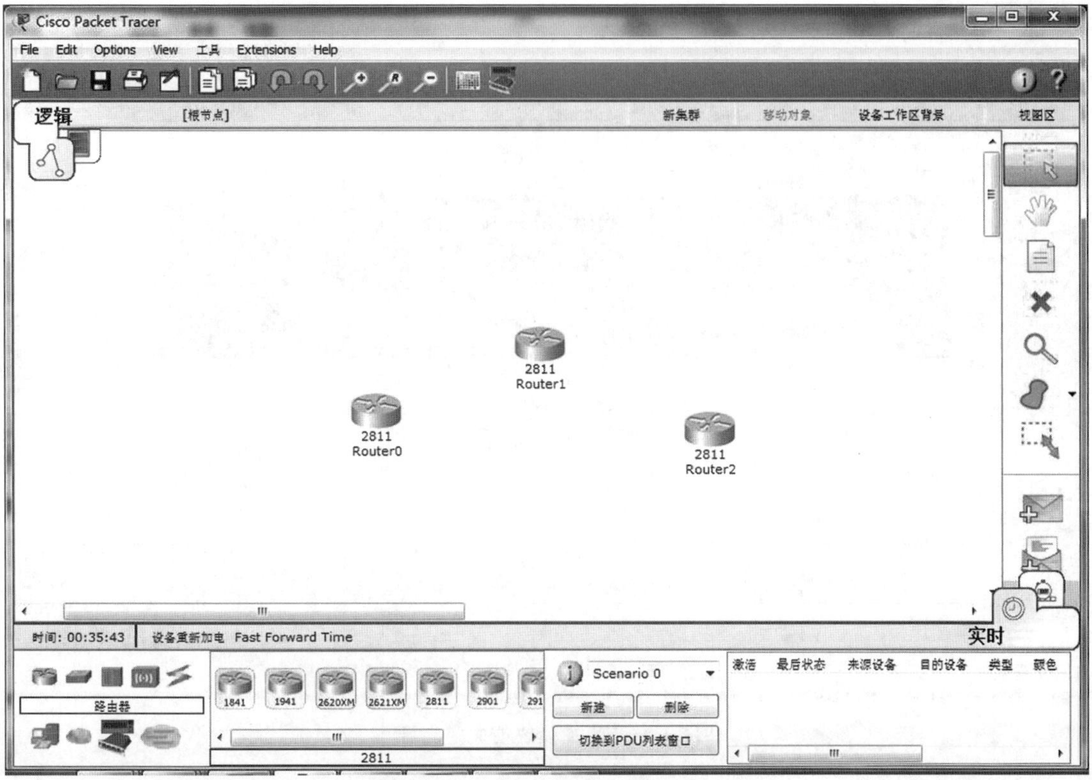

图 1-27　选择设备到工作区

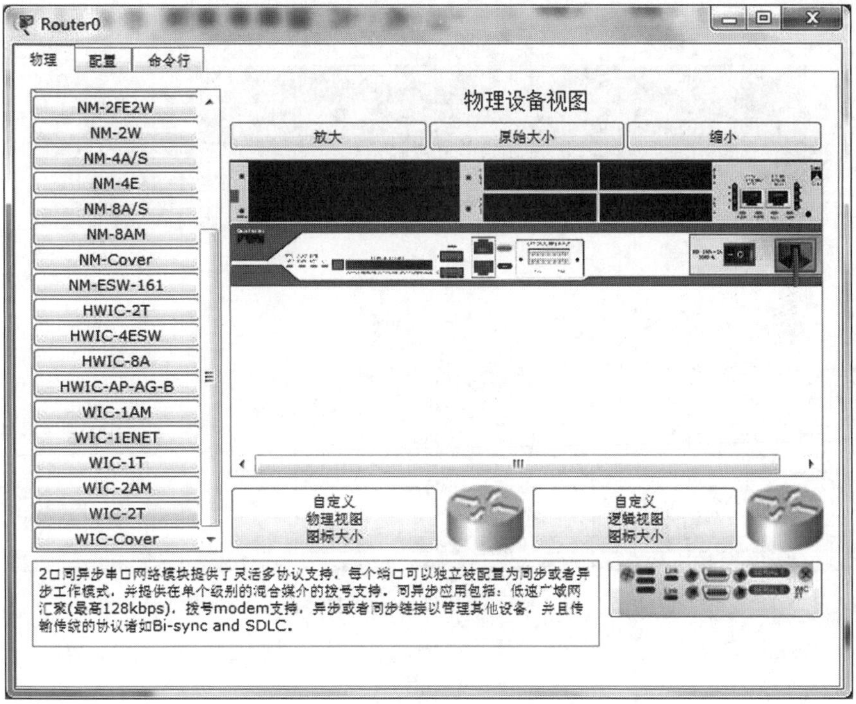

图 1-28　路由器物理设备视图

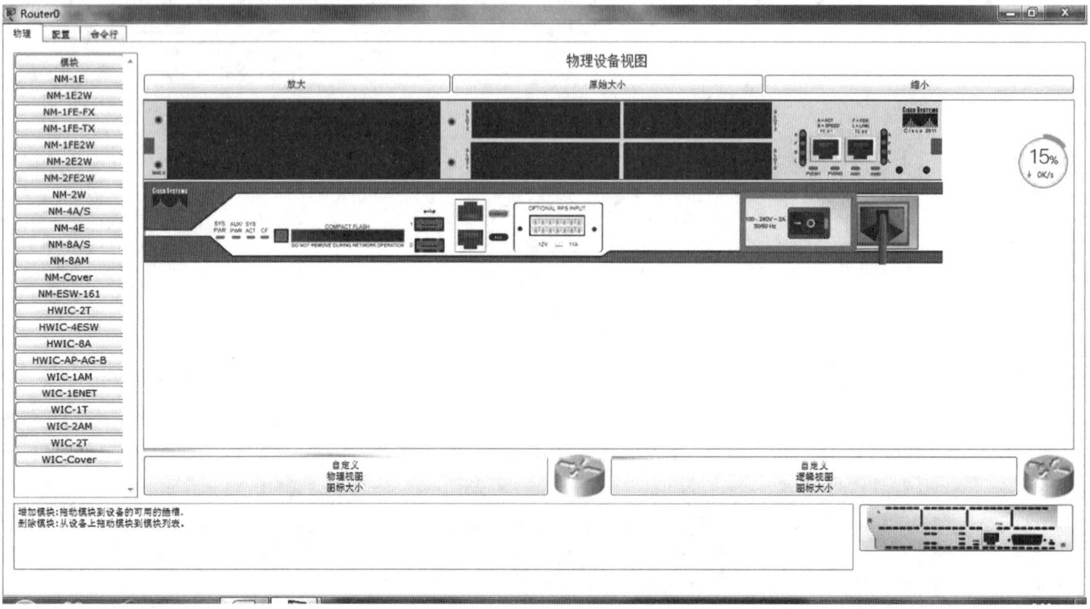

图 1-29　添加模块前关闭电源

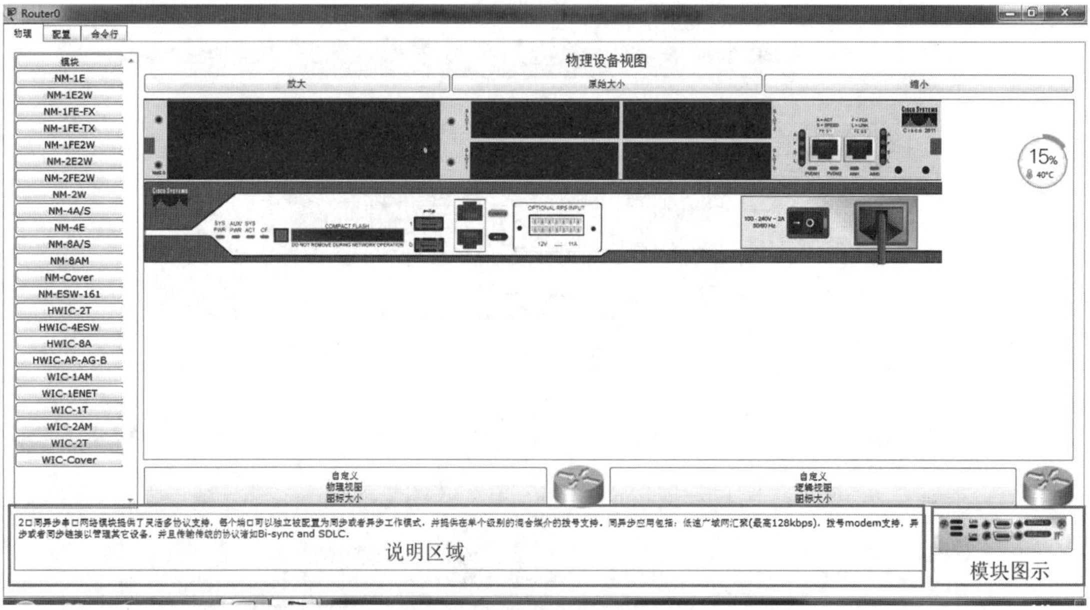

图 1-30　添加模块说明和图示

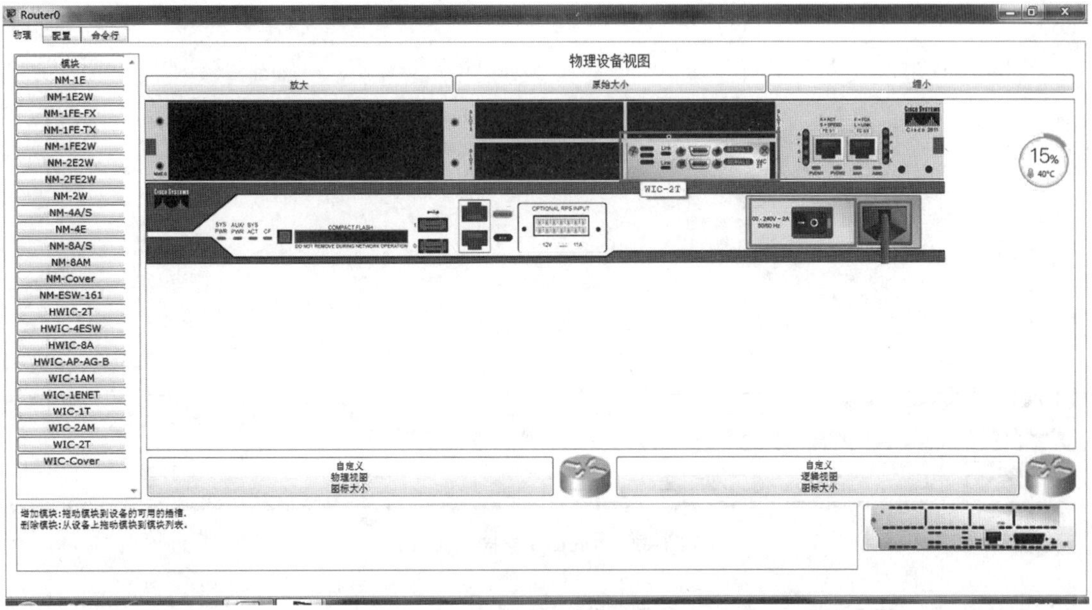

图 1-31　添加模块开启电源图

图 1-32　自动连接线

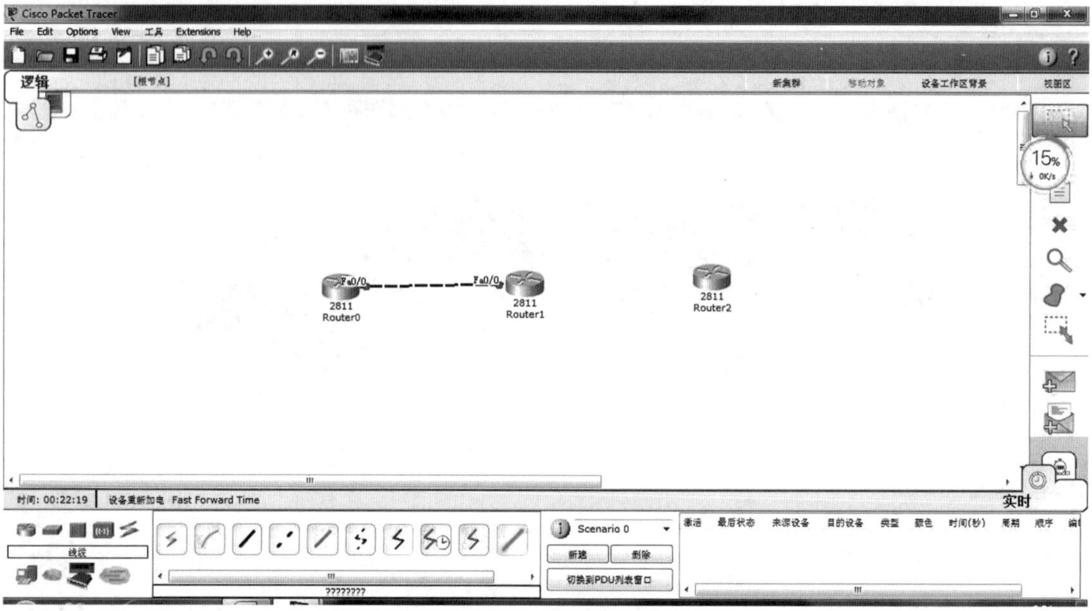

图 1-33 Router0 连接 Router1

具体线缆应用说明及实操中用到的网络术语如下：

①直通电缆：用于连接不相似网络设备的非屏蔽双绞线(UTP)铜缆。

②交叉电缆：用于连接相似网络设备的 UTP 铜缆。

③串行电缆：广域连接的常用铜缆(DCE 和 DTE 线缆)。

④Console 线缆：用来将网络设备与计算机或终端设备进行连接的常用线缆，Console 线一端为 RJ-45 接头，一端为串口接头。

⑤以太网：主要的局域网技术。

⑥MAC 地址：以太网第 2 层物理地址。

⑦IP 地址：第 3 层逻辑地址。

⑧子网掩码：解释 IP 地址时必不可少。

⑨默认网关：路由器接口上的 IP 地址，网络通过此接口发送传出本地网络的通信。

⑩网卡：网络接口卡，终端设备用于加入网络的端口或接口。

⑪端口(硬件)：一种接口，能够让网络设备加入网络并通过网络介质连接该端口。

⑫端口(软件)：TCP/IP 协议簇中的第 4 层协议地址。

⑬PC：终端设备。

⑭计算机：终端设备。

⑮工作站：终端设备。

⑯交换机：根据第 2 层地址(通常是以太网 MAC 地址)对帧做出决定的中间设备。

⑰路由器：根据第 3 层地址(通常是 IPv4 地址)对数据包做出决定的第 3 层、第 2 层和第 1 层设备。

⑱比特(位)：二进制数字，逻辑 1 或逻辑 0，作为电脉冲、光脉冲或微波脉冲时具有多种不同的物理表示方式，第 1 层协议数据单元(PDU)。

⑲帧:第 2 层 PDU。

⑳数据包:第 3 层 PDU。

子任务 3　拓扑布局和建立小型网络

一、实验简介

在 OSI 模型的(第 1 层)物理层,必须通过介质(电缆)连接终端设备。所需的介质类型取决于要连接的设备类型。本实验的基本部分将使用直通电缆或交叉电缆连接工作站与交换机。此外,两台或多台设备要通过地址才能通信。网络层(第 3 层)需要唯一的地址(也称逻辑地址或 IP 地址)才能使数据到达相应的目的设备。本实验从最简单的网络形式(点对点)着手,最后进行交换机连接实验,实验中将为工作站分配地址并用其实现设备之间的通信。

二、实验目标

(1)正确识别网络中使用的电缆。

(2)为点对点网络和交换网络实施物理布线。

(3)为工作站配置合理 IP 地址。

(4)验证每个网络的基本连通性。

三、实验任务与具体操作步骤

(一)实验任务 1:创建点对点网络

任务拓扑:如图 1-34 所示。

图 1-34　点对点网络拓扑图

1. 获取实验设备

2 台工作站;1 根交叉电缆。

2. 识别网络中使用的电缆

交叉电缆用于将 2 台工作站通过其网卡的以太网端口相互连接。

使用正确的电缆连接两台工作站。将电缆的一端连接到 PCA 的网卡端口,另一端连接到 PCB 的网卡端口。

你使用的是哪一种电缆?______________________________

3. 为工作站分配 IP 地址和子网掩码(表 1-1)

表 1-1　IP 地址分配表

设备	IP 地址	子网掩码
PCA	192.168.1.1	255.255.255.0
PCB	192.168.1.2	255.255.255.0

注意:必须在每台工作站上完成这些步骤。以下说明以虚拟平台 PT 设置地址为例,如果使用其他操作系统,操作步骤稍有不同。

(1)在计算机PCA(PCB的设置方法同PCA)上单击,在显示的界面中单击桌面菜单,如图1-35所示。

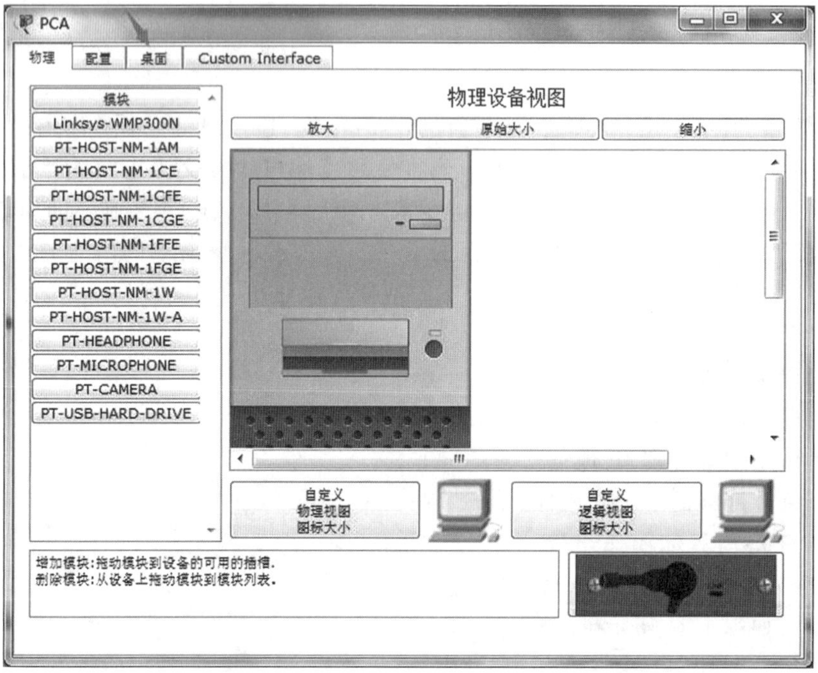

图1-35 IP地址配置图1

(2)在桌面菜单选项下选择"IP地址配置",如图1-36所示。

图1-36 IP地址配置图2

(3)在 IP 地址配置选项下输入地址表中的 IP 地址和子网掩码,如图 1-37 所示。

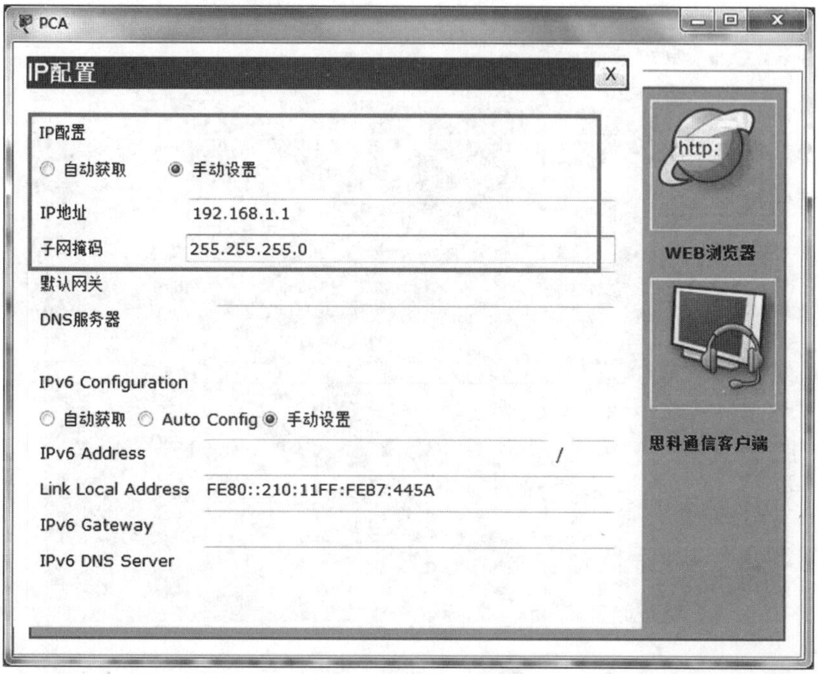

图 1-37　IP 地址配置图 3

4. 验证连通性

(1)在计算机 PCA 上单击,进入 PCA 选项下,然后单击“命令提示符”选项,如图 1-38 所示。

图 1-38　进入命令提示符

(2)进入命令提示符界面,如图 1-39 所示。

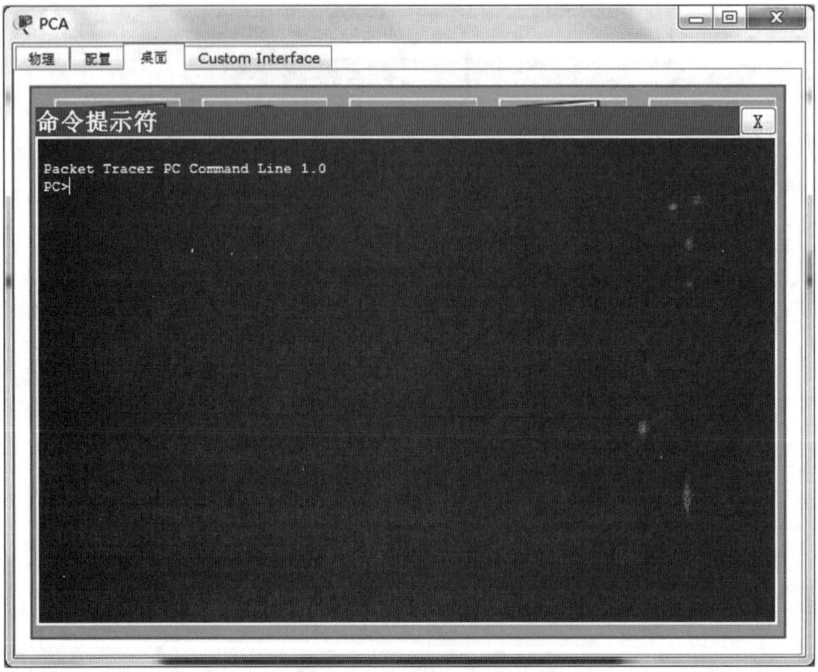
PCA
物理
配置
桌面
Custom Interface
命令提示符
X
Packet Tracer PC Command Line 1.0
PC>

图 1-39　命令提示符界面

(3)使用 ping 命令验证 PCA 与 PCB 之间是否可互达。在 PCA 的命令提示符后键入 ping 192.168.1.2 后回车,如图 1-40 所示。

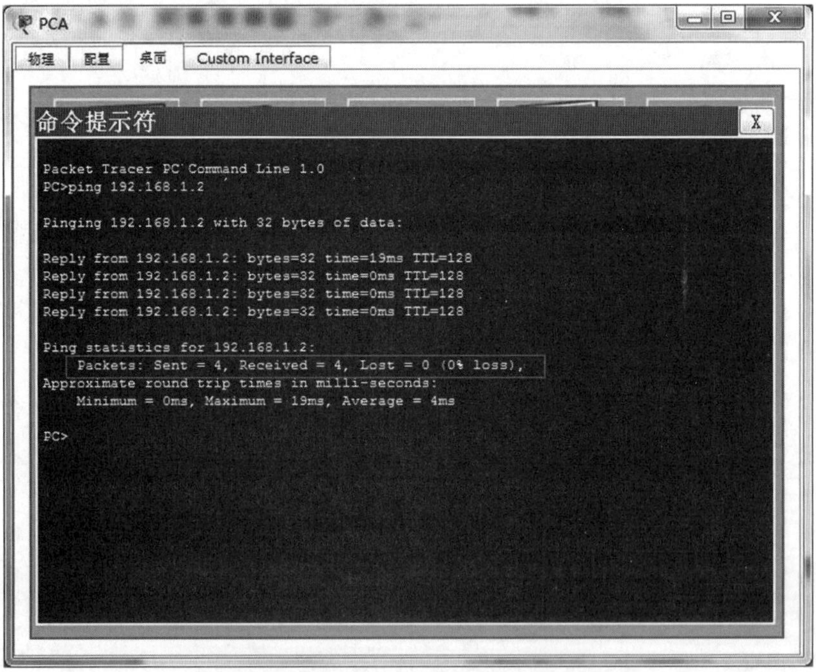
PCA
物理
配置
桌面
Custom Interface
命令提示符
X
Packet Tracer PC Command Line 1.0
PC>ping 192.168.1.2
Pinging 192.168.1.2 with 32 bytes of data:
Reply from 192.168.1.2: bytes=32 time=19ms TTL=128
Reply from 192.168.1.2: bytes=32 time=0ms TTL=128
Reply from 192.168.1.2: bytes=32 time=0ms TTL=128
Reply from 192.168.1.2: bytes=32 time=0ms TTL=128
Ping statistics for 192.168.1.2:
Packets: Sent = 4, Received = 4, Lost = 0 (0% loss),
Approximate round trip times in milli-seconds:
Minimum = 0ms, Maximum = 19ms, Average = 4ms
PC>

图 1-40　PCA 上 ping 命令测试结果图

(4)观察图 1-40 中画红线的语句,并解释其含义,其含义表明网络是连通还是不连通?

____

____

(5)拔掉网络连接中所使用的电缆,再次使用 ping 命令验证 PCA 与 PCB 之间是否可达,记录图 1-40 中画红线语句的变化。

____

____

(二)实验任务 2:创建交换网络

任务拓扑:创建的交换网络拓扑图如图 1-41 所示。

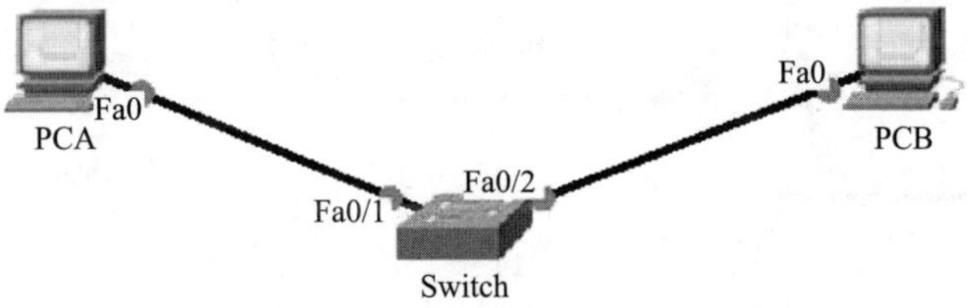

图 1-41 交换网络拓扑图

温馨提示:为了培养学生治学严谨的态度,要求学生绘制拓扑时,设备名称和端口使用必须与所示任务拓扑保持一致。

1. 获取实验设备

2 台工作站;2 根直连电缆;1 台 2960 型号交换机。

2. 识别网络中使用的电缆

(1)直通电缆用于连接路由器的以太网端口与交换机端口,或工作站与交换机端口,这也是以太网电缆。

(2)如果观察插头,会发现电缆两端的每个引脚位置是完全相同的。

(3)使用正确的电缆连接工作站和交换机。将电缆的一端连接到 PCA 的网卡端口,另一端连接到交换机的 Fastehternet0/1 端口上。

你使用的是哪一种电缆? ______________________

3. 为工作站分配 IP 地址和子网掩码(表 1-2),重复执行实验任务 1 所述步骤。

表 1-2 IP 地址分配表

设备	IP 地址	子网掩码
PCA	192.168.1.1	255.255.255.0
PCB	192.168.1.2	255.255.255.0

注意:必须在每台工作站上完成这些步骤。以下说明以虚拟平台 PT 设置地址为例,如果使用其他操作系统,操作步骤稍有不同。

4. 验证连通性(重复执行实验任务 1 所述步骤)

(1)在计算机 PCA 上单击,进入 PCA 选项下,然后单击“命令提示符”选项。

(2)进入命令提示符界面。

(3)使用 ping 命令验证 PCA 与 PCB 之间是否可互达。

1.5 任务小结

通过本任务的学习,学习者对计算机网络的概念、构成和分类有了整体的认识,并能安装和使用虚拟仿真平台 PT 6.0,搭建网络拓扑和建立小型网络,主要内容小结如下:

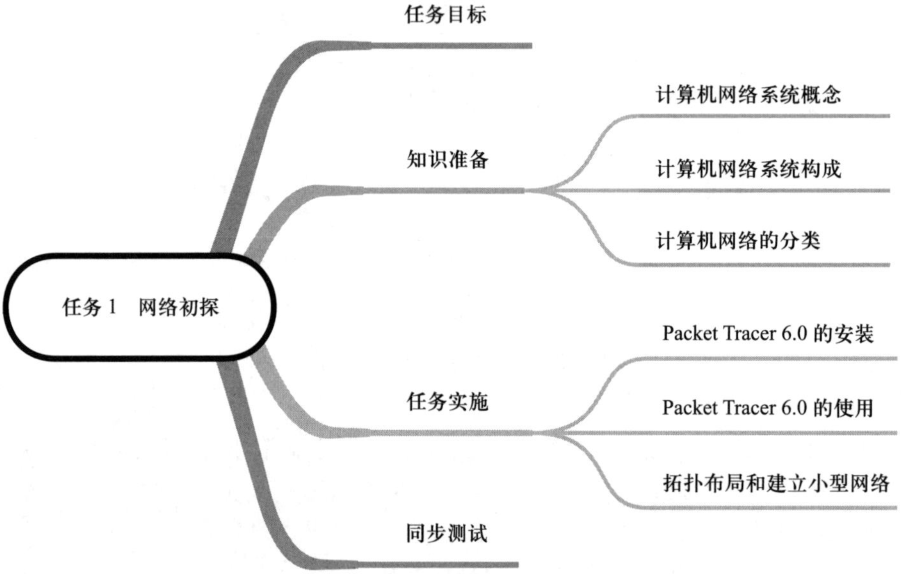

1.6 同步测试(共 10 题,每题 10 分)

1. Internet 最早起源于什么?(　　)
   A. ARPAnet　　B. 以太网　　C. NSFnet　　D. 环状网
2. 网络中某一个节点出现故障,什么拓扑形的网络可能导致整个网络瘫痪?(　　)
   A. 环形　　B. 星形　　C. 网形　　D. 树形
3. 星形拓扑结构适用于哪种网络?(　　)
   A. 局域网　　B. Internet　　C. 互联网　　D. 广域网
4. 计算机网络的主要目标是什么?(　　)
   A. 数据处理　　B. 协同工作
   C. 资源共享与信息传输　　D. 文献检索
5. 目前,实际存在与使用的广域网基本都是采用什么拓扑结构?(　　)
   A. 星形拓扑　　B. 环形拓扑　　C. 总线形拓扑　　D. 网形拓扑
6. 局部地区通信网络简称局域网,英文缩写为什么?(　　)
   A. WAN　　B. MAN　　C. LAN　　D. SAN
7. 计算机网络中广域网和局域网分类的依据是什么?(　　)
   A. 交换方式　　B. 地理覆盖范围
   C. 传输方式　　D. 拓扑结构

8. 在什么结构中，网络的中心节点是主节点，它接收各分散节点的信息再转发给相应节点。(　　)

A. 环形拓扑　　B. 网形拓扑　　C. 树形拓扑　　D. 星形拓扑

9. 广域网的作用范围通常为几十到几千千米，其英文缩写为什么？(　　)

A. WAN　　B. MAN　　C. LAN　　D. SAN

10. 下列设备中不属于通信子网的是什么？(　　)

A. 交换机　　B. 路由器　　C. 主机　　D. 调制解调器

参考答案

1. A　2. A　3. A　4. C　5. D　6. C　7. B　8. D　9. A　10. C

任务 2　捕获和分析网络数据

2.1　任务引入

在网络发展早期，网络技术的发展变化速度非常快，新的协议和应用不断产生，而网络设备大部分都是按厂商自己的标准生产，不能兼容，相互间很难进行通信。例如，网络中一台计算机基于 Windows 系统，而另一台计算机基于 MAC 系统，那么这两台计算机将如何相互通信？为了实现不同网络设备间的相互通信，国际标准化组织 ISO 于 1984 年提出了 OSI（Open System Interconnection）开放系统互连 7 层模型。该模型从高层到底层包括了应用层、表示层、会话层、传输层、网络层、数据链路层和物理层。那么，在客户机/服务器网络中，Web 服务器是如何使用 OSI 参考模型向客户端发送 HTML 网页的呢？而每层在完成相应功能又在数据包中添加了哪些信息呢？下面我们通过捕获和分析网络数据（客户机/服务器网络拓扑如图 2-1 所示）来回答这些问题吧！

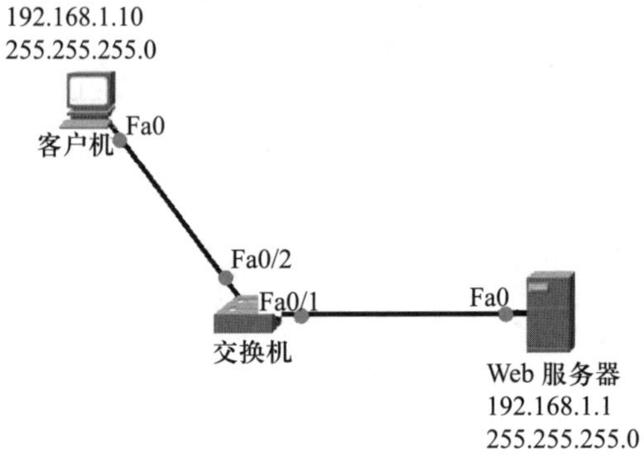

图 2-1　客户机/服务器网络拓扑图 1

2.2　任务目标

- ✓ 了解为什么要是用分层模型。
- ✓ 了解 OSI 参考模型构成及功能。
- ✓ 了解 TCP/IP 协议模型的构成。
- ✓ 掌握封装和解封的概念及过程。
- ✓ 掌握 OSI 参考模型每层封装后产生的 PDU 名称。

✓ 能够完成客户机/服务器网络的组建。
✓ 能够进行网络设备的 IP 配置与网络连通性测试。
✓ 能够在模拟模式下捕获和分析 HTTP 和 ICMP 协议信息。
✓ 培养学生注重细节、认真严谨的学习态度。
✓ 培养学生独立分析问题与解决问题的能力。

2.3 知识准备

计算机网络体系结构是指计算机网络层次结构模型,它是各层的协议以及层次之间的端口的集合。在计算机网络中实现通信必须依靠网络通信协议,要形象地显示各种协议之间的交互,通常会使用分层模型。分层模型形象地说明了各层内部协议的工作方式及其与上下层之间的交互。目前广泛采用的是国际标准化组织(ISO)1984 年提出的开放系统互联(Open System Interconnection,OSI)参考模型,习惯上称为 ISO/OSI 参考模型。

2.3.1 为什么要使用分层模型

为把在一个网络结构下开发的系统与在另一个网络结构下开发的系统互联起来,以实现更高一级的应用,使异种机之间的通信成为可能,便于网络结构标准化,例如,网络中一台计算机基于 Windows 系统,而另一台计算机基于 MAC 系统,那么这两台计算机将如何相互通信?为了实现不同网络设备间的相互通信,ISO 于 1984 年提出了 OSI(Open System Interconnection)开放系统互联七层模型。使用分层模型的优点:有助于协议设计,因为对于在特定层工作的协议而言,它们的工作方式及其与上下层之间的接口都已经确定;促进竞争,因为可以同时使用不同厂商的产品;避免一个协议层的技术或功能变化影响相邻的其他层;提供了描述网络功能和能力的通用语言。

2.3.2 OSI 参考模型

OSI(Open System Interconnect),即开放式系统互联。一般都叫 OSI 参考模型,是 ISO 在 1984 年研究的网络互联模型。该体系结构标准从低到高定义了网络互联的 7 层框架(物理层、数据链路层、网络层、传输层、会话层、表示层和应用层),即 OSI 开放系统互联参考模型。在这一框架下进一步详细规定了每一层的功能,以实现开放系统环境中的互联性、互操作性和应用的可移植性。参考模型的主要用途是帮助人们更清晰地理解网络涉及的功能和过程,模型只是网络工作原理的表示方式,并非实际网络。网络互联的 7 层框架从上至下如图 2-2 所示。

图 2-2 OSI 参考模型

1. 物理层

物理层是参考模型中的最底层,主要定义了系统的电气、机械、过程和功能标准,如电压、物理数据速率、最大传输距离、物理连接器和其他的类似特性。物理层的主要功能是利用传输介质为数据链路层提供物理连接,负责数据流的物理传输工作。物理层传输的基本单位是比特流,即 0

和 1,也就是最基本的电信号或光信号,是最基本的物理传输特征。

2. 数据链路层

数据链路层是在通信实体间建立数据链路连接,传输的基本单位为“帧”,并为网络层提供差错控制和流量控制服务。数据链路层由 MAC(介质访问控制子层)和 LLC(逻辑链路控制子层)组成。介质访问控制子层的主要任务是规定如何在物理线路上传输帧。逻辑链路控制子层对在同一条网络链路上设备之间的通信进行管理。数据链路控制子层主要负责在逻辑上识别不同协议类型,并对其进行封装。也就是说数据链路控制子层会接受网络协议数据和分组的数据包,并且添加更多的控制信息,从而把这个分组传送到它的目标设备。

3. 网络层

网络层主要为数据在节点之间传输创建逻辑链路,通过路由选择算法为分组选择最佳路径,从而实现拥塞控制、网络互联等功能。网络层是以路由器为最高节点俯瞰网络的关键层,它负责把分组从源网络传输到目标网络的路由选择工作。互联网是由多个网络组成在一起的一个集合,正是借助了网络层的路由路径选择功能,才能使得多个网络之间的连接得以畅通,信息得以共享。网络层提供的服务有面向联接和面向无连接的服务两种。面向连接的服务是可靠的连接服务,是数据在交换之前必须先建立连接,然后传输数据,结束后终止之前建立连接的服务,网络层以虚电路服务的方式实现面向连接的服务。面向无连接的服务是一种不可靠的服务,不能防止报文的丢失、重发或失序。面向无连接的服务优点在于其服务方式灵活方便,并且非常迅速。网络层以数据报服务的方式实现面向无连接的服务。

4. 传输层

传输层是网络体系结构中高低层之间衔接的一个接口层。传输层不仅仅是一个单独的结构层,而且是整个分析体系协议的核心。传输层主要为用户提供 End—to—End(端到端)服务,处理数据报错误、数据包次序等传输问题。传输层是计算机通信体系结构中关键一层,它向高层屏蔽了下层数据的通信细节,使用户完全不用考虑物理层、数据链路层和网络层工作的详细情况。传输层使用网络层提供的网络连接服务,依据系统需求可以选择数据传输时使用面向连接的 TCP 服务或是面向无连接的 UDP 服务。

5. 会话层

会话层的主要功能是负责维护两个节点之间的传输连接,确保点到点传输不中断,以及管理数据交换等功能。会话层在应用进程中建立、管理和终止会话。会话层还可以通过对话控制来决定使用何种通信方式,是全双工通信还是半双工通信。会话层通过自身协议对请求与应答进行协调。

6. 表示层

表示层为在应用过程之间传送的信息提供表示方法的服务。表示层以下各层主要完成的是从源端到目的端可靠地的数据传送,而表示层更关心的是所传送数据的语法和语义。表示层的主要功能是处理在两个通信系统中交换信息的表示方式,主要包括数据格式变化、数据加密与解密、数据压缩与解压等。在网络带宽一定的前提下数据压缩的越小其传输速率就越快,所以表示层的数据压缩与解压被视为决定网络传输速率的关键因素。表示层提供的数据加密服务是重要的网络安全要素,其确保了数据的安全传输,也是各种安全服务最为重视的。表示层为应用层所提供的服务包括语法转换、语法选择和连接管理。

7. 应用层

应用层是OSI模型中的最高层，是直接面向用户的一层，用户的通信内容要由应用进程解决，这就要求应用层采用不同的应用协议来解决不同类型的应用要求，并且保证这些不同类型的应用所采用的底层通信协议是一致的。应用层中包含了若干独立的用户通用服务协议模块，为网络用户之间的通信提供专用的程序服务。需要注意的是，应用层并不是应用程序，而是为应用程序提供服务。

2.3.3 TCP/IP协议模型

TCP/IP协议模型是计算机网络的祖父ARPAnet和其后继的因特网使用的参考模型。ARPAnet是由美国国防部DoD(U. S. Department of Defense)赞助的研究网络，通过租用的电话线连接了数百所大学和政府部门。当无线网络和卫星出现以后，现有的协议在和它们相连的时候出现了问题，所以需要一种新的参考体系结构。这个体系结构被称为TCP/IP协议模型。

TCP/IP是一组用于实现网络互连的通信协议。Internet网络体系结构以TCP/IP为核心。基于TCP/IP的模型将协议分成4个层次，它们分别是应用层、传输层、网际层和网络接入层，TCP/IP协议模型如图2-3所示。

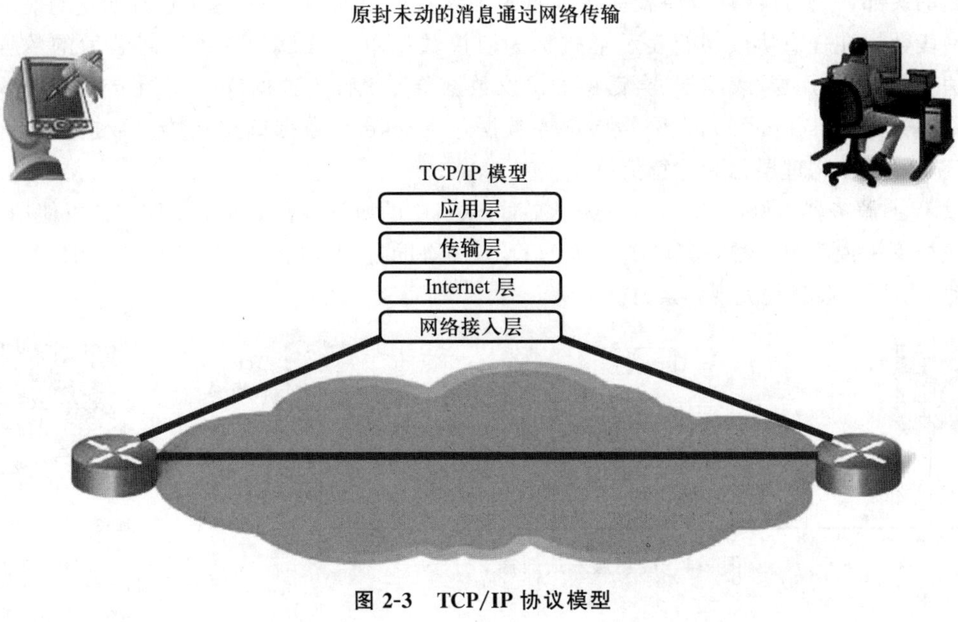

图2-3 TCP/IP协议模型

1. 应用层

应用层对应于OSI参考模型的高层，为用户提供所需要的各种服务，如FTP、Telnet、DNS、SMTP等。

2. 传输层

传输层对应于OSI参考模型的传输层，为应用层实体提供端到端的通信功能，保证了数据包的顺序传送及数据的完整性。该层定义了两个主要的协议：传输控制协议(TCP)和用户数据报协议(UDP)。

TCP 协议提供的是一种可靠的、通过“三次握手”来连接的数据传输服务；而 UDP 协议提供的则是不保证可靠的(并不是不可靠)、无连接的数据传输服务。

3. 网际层

网际层(Internet 层)对应于 OSI 参考模型的网络层，主要解决主机到主机的通信问题。它所包含的协议设计数据包在整个网络上的逻辑传输。注重重新赋予主机一个 IP 地址来完成对主机的寻址，它还负责数据包在多种网络中的路由。该层有三个主要协议：网际协议(IP)、互联网组管理协议(IGMP)和互联网控制报文协议(ICMP)。IP 协议是网际互联层最重要的协议，它提供的是一个可靠、无连接的数据包传递服务。

4. 网络接入层

网络接入层与 OSI 参考模型中的物理层和数据链路层相对应。它负责监视数据在主机和网络之间的交换。事实上，TCP/IP 本身并未定义该层的协议，而由参与互连的各网络使用自己的物理层和数据链路层协议，然后与 TCP/IP 的网络接入层进行连接。地址解析协议(ARP)工作在此层，即 OSI 参考模型的数据链路层。

2.3.4 封装和解封

OSI 参考模型中每个层次接收到上层传递过来的数据后都要将本层次的控制信息加入数据单元的头部，一些层次还要将校验等信息附加到数据单元的尾部，这个过程叫作封装。

一段数据在任意协议层的表示形式称为协议数据单元(PDU)。每层封装后的数据单元的叫法不同，在应用层、表示层、会话层的协议数据单元统称为数据(data)，在传输层协议数据单元称为数据段(segment)，在网络层称为数据包(packet)，数据链路层协议数据单元称为数据帧(frame)，在物理层称为比特流(bits)。

以 Web 服务器为例，在网络中发送报文时，主机中的协议栈自上而下工作。这里使用 TCP/IP 协议模型来说明服务器向客户端发送 HTML 网页的过程，具体过程如图 2-4 至图 2-8 所示。具体动态演示封装过程见视频素材。

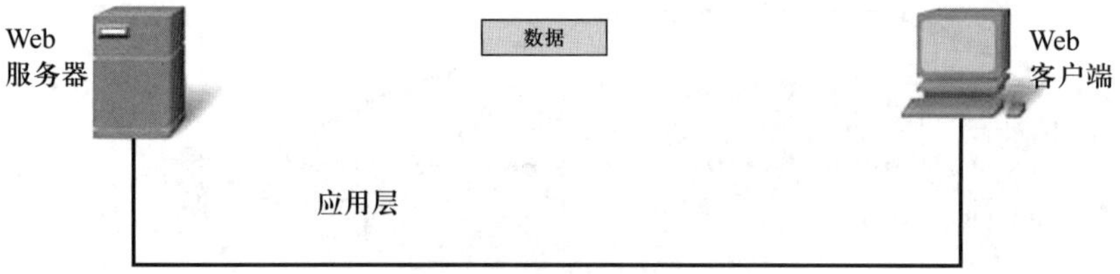

图 2-4　应用层形成数据

视频 1　每层形成 PDU 信息

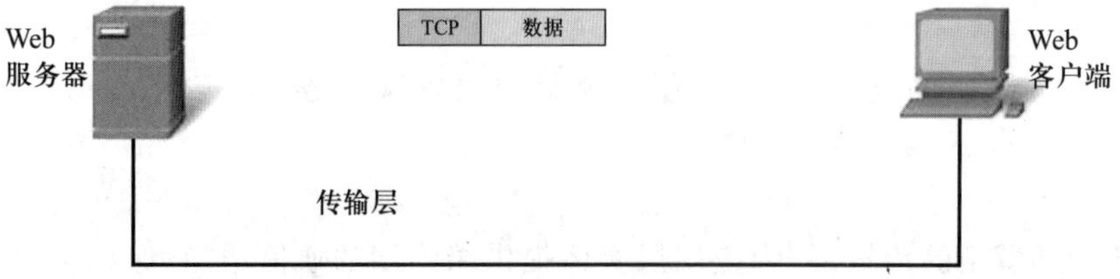

图 2-5　传输层形成数据段

视频 2　发送方数据沿 OSI 参考模型封装过程

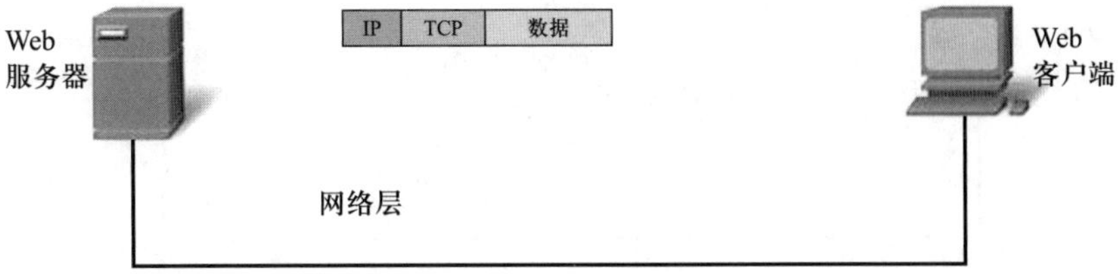

图 2-6　网络层形成数据包

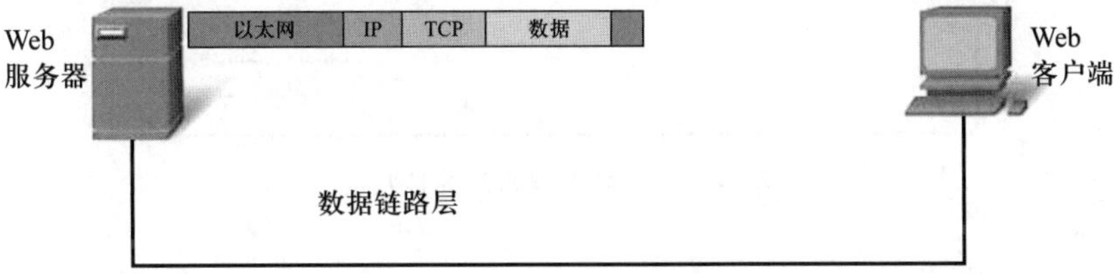

图 2-7　数据链路层形成数据帧

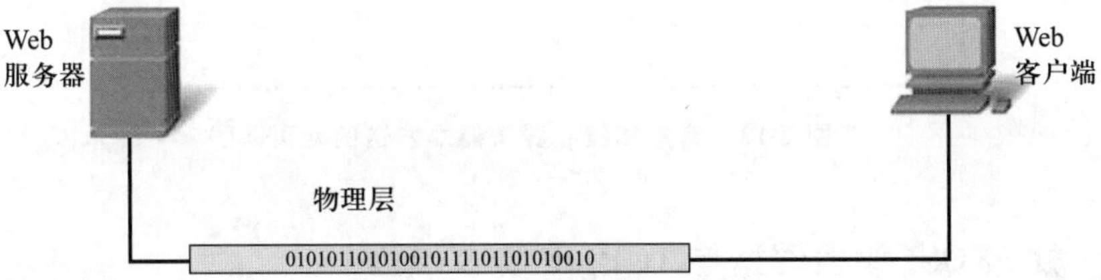

图 2-8　物理层传输比特流

数据的接收端从物理层开始，进行与发送端相反的操作，称为解封。这里使用 TCP/IP 协议模型来说明客户端接收服务器端发送 HTML 网页的过程，具体过程如图 2-9 至图 2-13 所示。具体动态演示解封过程见视频素材。

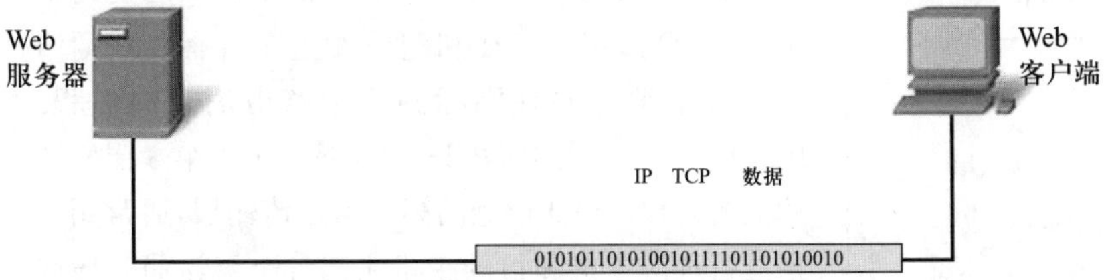

图 2-9　客户端物理层接收比特流

视频 3　接收方沿 OSI 参考模型解封过程

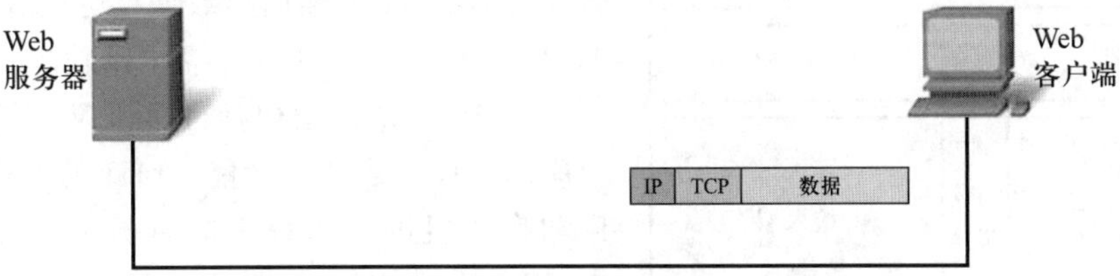

图 2-10　客户端数据链路层去掉帧头和帧尾

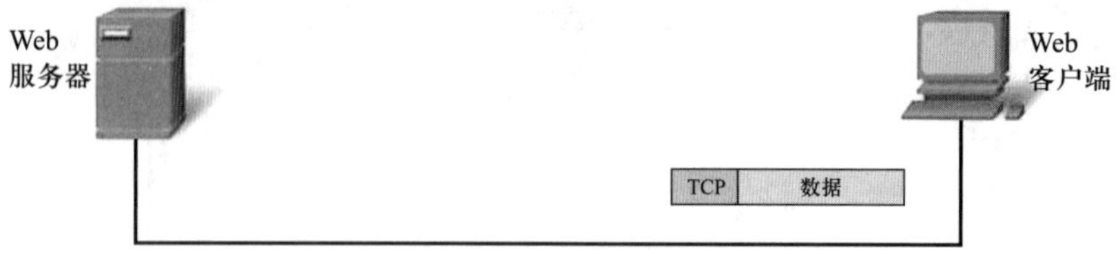

图 2-11 客户端网络层去掉包头

图 2-12 客户端传输层去掉报头

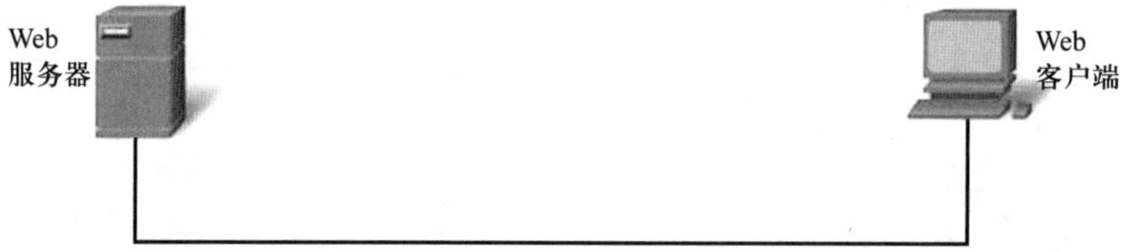

图 2-13 客户端接收服务器端发送的网页

2.3.5 比较 OSI 参考模型与 TCP/IP 协议模型

在 OSI 模型中，TCP/IP 模型的网络接入层和应用层被进一步划分，用于说明这些协议层需要实现的详细功能。TCP/IP 协议簇在网络接入层并没有指定通过物理介质传输时使用的协议，而只是描述了从 Internet 层到物理网络协议的传递。而 OSI 模型第 1 层和第 2 层则论述了接入介质所需的步骤以及通过网络发送数据的物理手段。这两个网络模型之间主要的相似之处在于 OSI 模型第 3 层和第 4 层。OSI 模型第 3 层是网络层，几乎全部用于论述和记录发生在所有数据网络中的用于编址并在网际网络中路由消息的过程。Internet 协议层是 TCP/IP 协议簇中包含第 3 层所述功能的协议。OSI 模型的第 4 层是传输层，通常用于描述管理源主机和目的主机之间各个会话的一般服务或功能。这些功能包括确认、错误恢复和定序。传输控制协议(TCP)和用户数据报协议(UDP)这两个 TCP/IP 协议提供了这一层需要的功能。

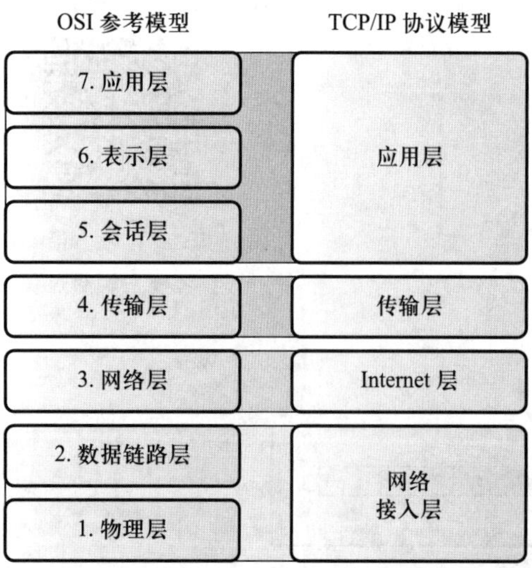

图 2-14 OSI 参考模型与 TCP/IP 协议模型

TCP/IP 应用层包括许多协议，为各种最终用户应用程序提供特定功能。OSI 模型第 5 层、第 6 层和第 7 层供应用程序软件开发人员和厂商参考，用于生产需要访问网络进行通信的产品。具体对应关系如图 2-14 所示。

2.4　任务实施

在本任务中将学会使用 Packet Tracer 观察 OSI 参考模型和 TCP/IP 协议模型，研究 ICMP 协议数据包和 HTTP 协议数据包的处理过程。

子任务 1　使用 ping 命令抓包测试网络 OSI 参考模型的工作过程

1. 组建客户机/服务器网络

在虚拟仿真平台 PT 中搭建客户机/服务器网络拓扑，如图 2-15 所示。

注意：网络设备名称也要保持与拓扑图中名称一致，在实践操作中注重严谨工作习惯的养成。

在 OSI 模型的物理层（第 1 层），必须通过介质（电缆）连接终端设备。所需的介质类型取决于要连接的设备类型。在本任务中，客户机与交换机相连使用直通线缆，Web 服务器与交换机相连使用直通线缆，交换机是属于即插即用设备，当正确连接好线缆后，所有的指示灯均显示为绿色，如果有指示灯颜色为红色，请检查端口和线缆连接是否有误。

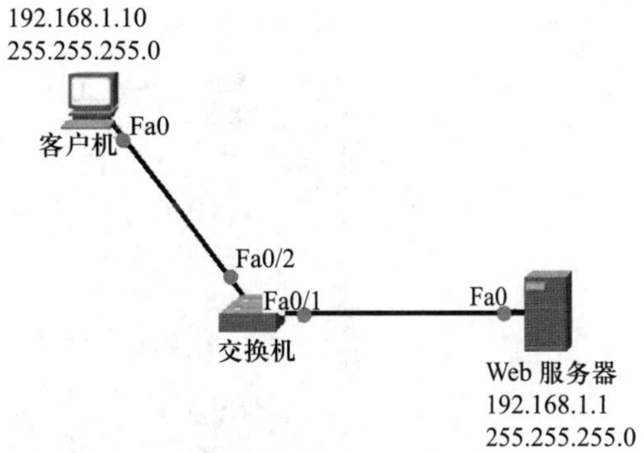

图 2-15　客户机/服务器网络拓扑图 2

2. 客户机和服务器 IP 配置

在任务 1 中，通过计算机网络系统概念的学习，我们知道搭建器网络拓扑后，还需要有功能完善的软件设置，所以客户机和服务器两台设备还要正确配置 IP 才能通信。网络层（第 3 层）需要唯一的地址（也称逻辑地址或 IP 地址）才能使数据到达相应的目的设备。本实验将为客户机和 Web 服务器分配的 IP 地址等信息如图 2-16 所示。

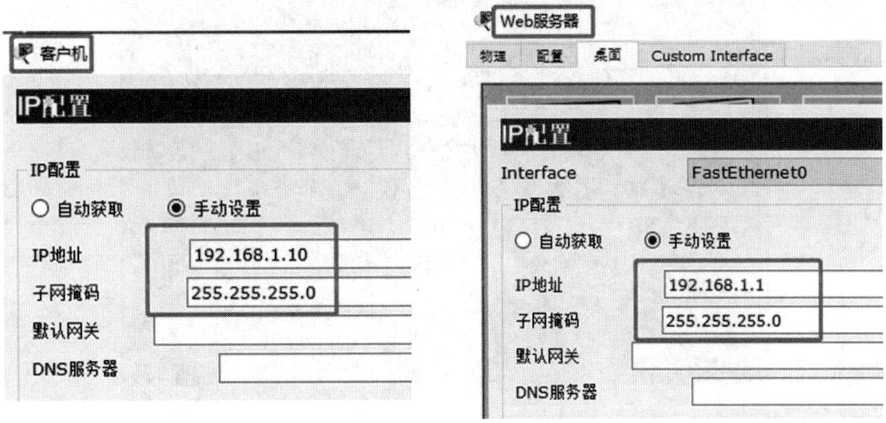

图 2-16　IP 地址分配信息

3. ping 命令测试网络连通性

ping 是 Windows、Unix 和 Linux 系统下的一个命令。ping 也属于一个通信协议，是 TCP/IP 协议的一部分。利用“ping”命令可以检查网络是否连通，可以很好地帮助我们分析和判定网络故障。应用格式：ping＋空格＋目的主机 IP 地址。

本任务在完成步骤 1、2 的操作后，使用 ping 命令测试客户机和 Web 服务器之间网络的连通性(图 2-17)。在测试结果(图 2-18)中我们能读取到 ping 命令默认发包 4 次，当前网络发包 4 个，接收方接收 4 个，丢失 0 个，所以判定当前网络是连通的。

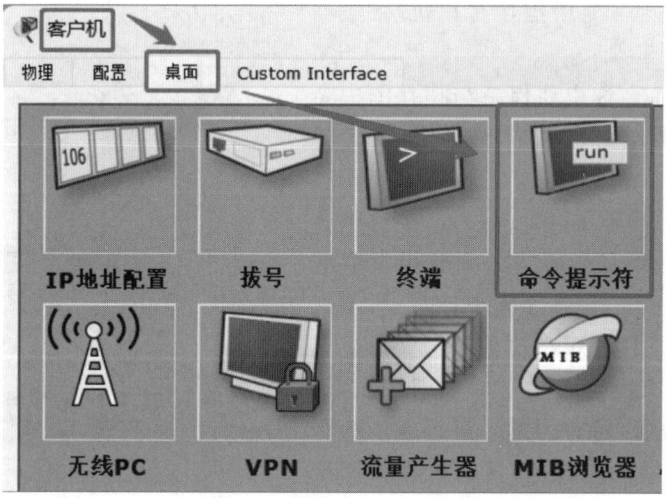
客户机
物理
配置
桌面
Custom Interface
106
run
IP地址配置
拨号
终端
命令提示符
MIB
无线PC
VPN
流量产生器
MIB浏览器

图 2-17　使用 ping 命令测试客户机和 Web 服务器网络的连通性

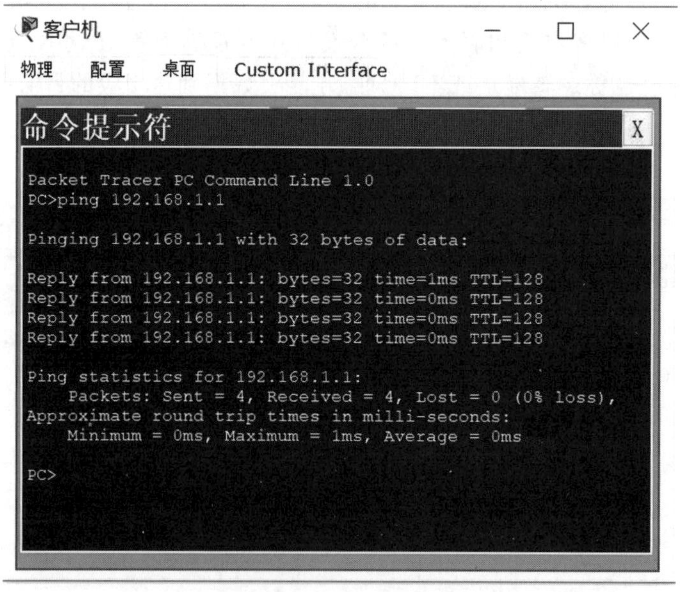
客户机
物理
配置
桌面
Custom Interface
命令提示符
X
Packet Tracer PC Command Line 1.0
PC>ping 192.168.1.1
Pinging 192.168.1.1 with 32 bytes of data:
Reply from 192.168.1.1: bytes=32 time=1ms TTL=128
Reply from 192.168.1.1: bytes=32 time=0ms TTL=128
Reply from 192.168.1.1: bytes=32 time=0ms TTL=128
Reply from 192.168.1.1: bytes=32 time=0ms TTL=128
Ping statistics for 192.168.1.1:
Packets: Sent = 4, Received = 4, Lost = 0 (0% loss),
Approximate round trip times in milli-seconds:
Minimum = 0ms, Maximum = 1ms, Average = 0ms
PC>

图 2-18　ping 命令测试连通性结果图

4. 模拟模式下使用 ping 命令捕获和分析数据包结构

(1)从实时模式进入模拟模式,在 PT 界面右下方可以进行这两种模式的切换(图 2-19)。

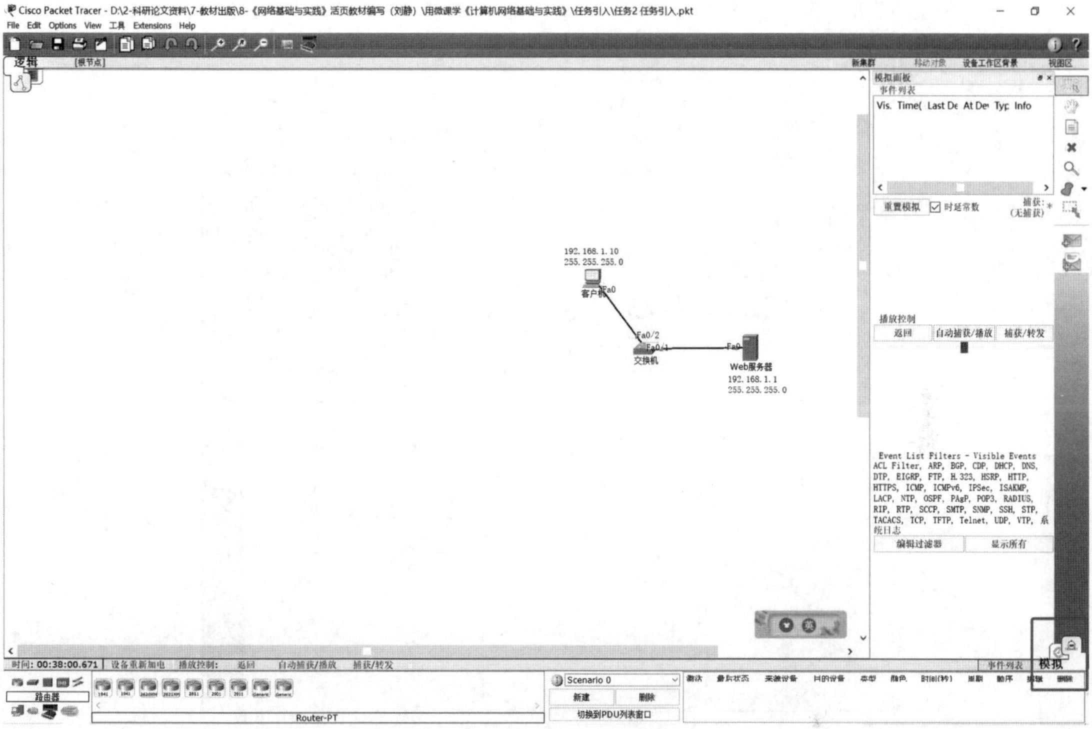

图 2-19　进入模拟模式

(2)点击编辑过滤器,选择 ICMP 协议(图 2-20)。

ICMP(Internet Control Message Protocol)Internet 控制报文协议。它是 TCP/IP 协议簇的一个子协议,用于在 IP 主机、路由器之间传递控制消息。控制消息是指网络通不通、主机是否可达、路由器是否可用等网络本身的消息。这些控制消息虽然并不传输用户数据,但是对于用户数据的传递起着重要的作用。ping 和 tracert 都是利用 ICMP 协议来实现网络功能的。

(3)在客户机的命令提示符下输入命令 ping 192.168.1.1 后回车,观察工作区中的变化(图 2-21)。

(4)点击窗口右侧“捕获/转发”按钮,直至数据包信息块到达 Web 服务器后停止点击(图 2-22)。

(5)点击 Web 服务器上信封图标的信息块,分析 ping 命令在 OSI 参考模型的工作过程(图 2-23)。

从图 2-23 我们能够读取到,在数据链路层封装进去的是源 MAC 地址和目的 MAC 地址等信息,在网络层封装进去的是源 IP 地址和目的 IP 地址等信息。

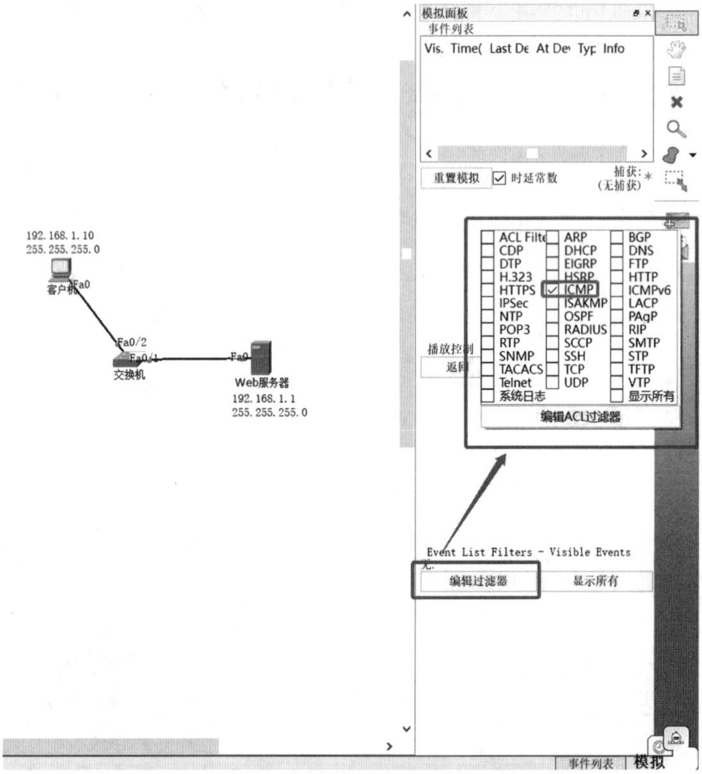

图 2-20　点击编辑过滤器，选择 ICMP 协议

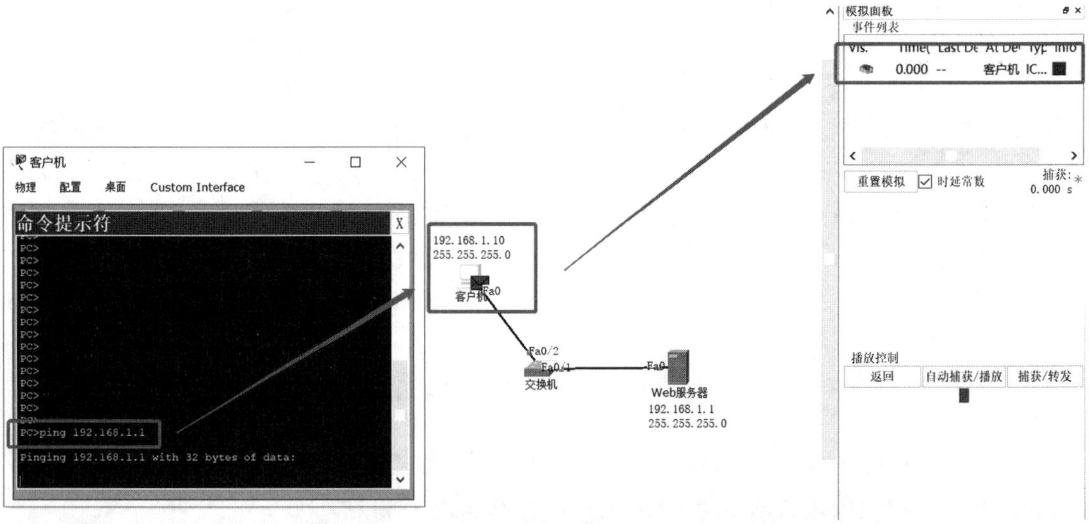

图 2-21　在客户机命令提示符下输入 ping 命令

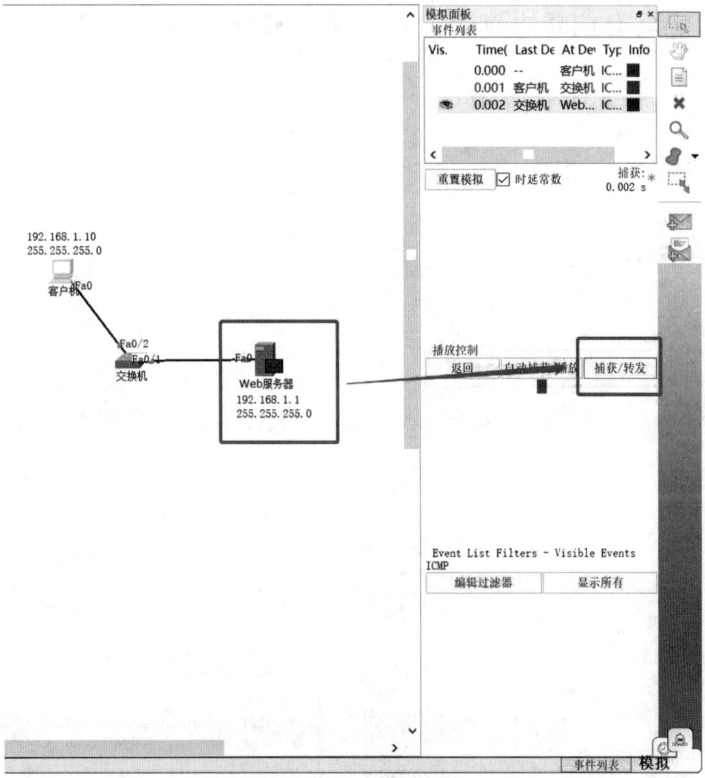

图 2-22　捕获到达 Web 服务器的 ping 命令信息

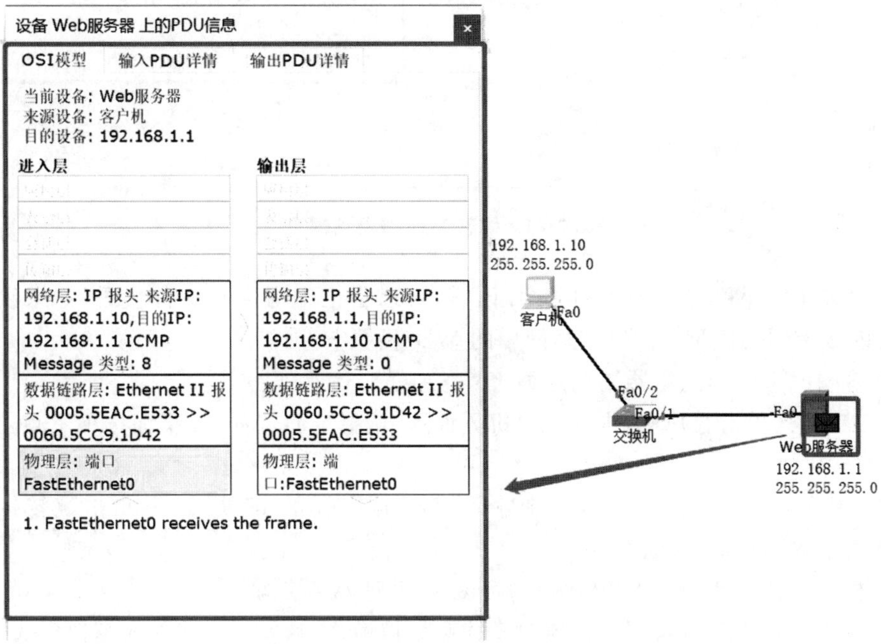

图 2-23　捕获 ping 命令在 OSI 参考模型的工作过程

子任务 2　使用 HTTP 协议验证 OSI 参考模型 7 层工作过程

1. 组建客户机/服务器网络

同子任务 1　1.

2. 客户机和服务器 IP 配置

同子任务 1　2.

3. ping 命令测试网络连通性

同子任务 1　3.

4. 在 Web 服务器上创建网页文件

在 PT 工作区单击 Web 服务器，单击配置，在 Web 服务器设置界面的左侧菜单中找到 HTTP 并选择，将 HTTP 和 HTTPS 均点选启用，网页界面的设计具体操作见图 2-24。

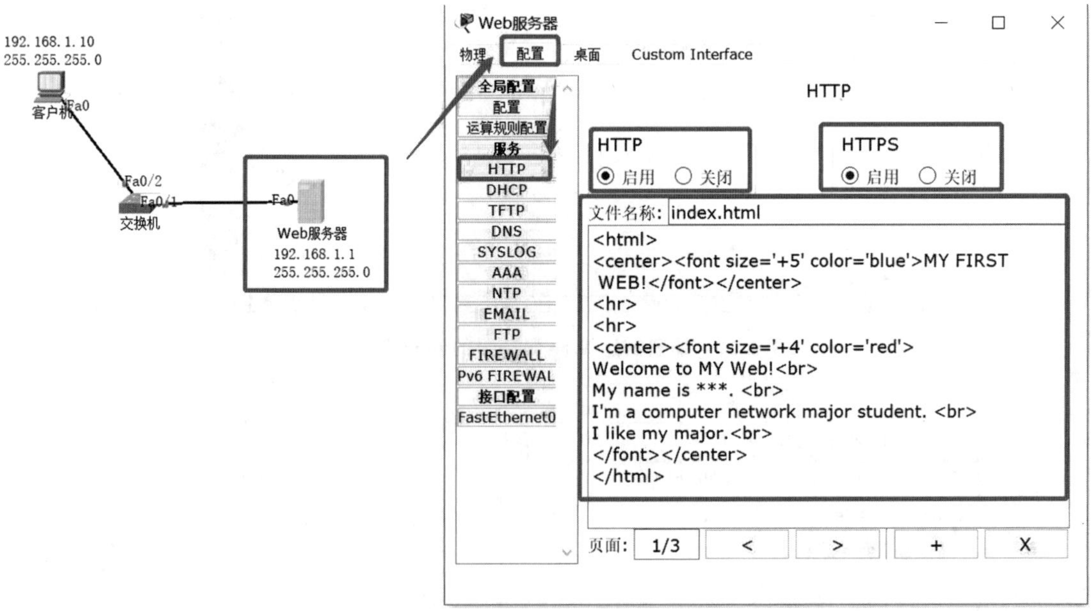

图 2-24　编辑 Web 服务器网页

如果大家在此课程前已学过 HTML 语言，可以自己编写网页文件代码；如果没有学过，可以参考图 2-24 中 HTML 代码编写简单的 Web 网页。

5. 在客户机上使用浏览器浏览网页

在 PT 工作区单击客户机，进入客户机界面后，选择桌面选项，在桌面选项下点击 Web 浏览器(图 2-25)。

在客户机的 Web 浏览器的 URL 中输入 Web 服务器的 IP 地址，并单击跳转，可以看到 Web 服务器上的网页信息(图 2-26)。

6. 在模拟模式下使用 HTTP 协议验证 OSI 模型 7 层结构

(1)在 PT 界面右下方可以切换实时模式和模拟模式，从实时模式进入模拟模式。

(2)点击编辑过滤器，选择 HTTP 协议。

超文本传输协议(Hyper Text Transfer Protocol，HTTP)是一个简单的请求-响应协议，

图 2-25　进入客户机 Web 浏览器

图 2-26　在客户机上访问 Web 服务器上网页

HTTP 是应用层协议，它指定了客户端可能发送给服务器什么样的消息以及得到什么样的响应。HTTP 是基于客户/服务器模式，且面向连接的。典型的 HTTP 事务处理有如下的过程：

①客户与服务器建立连接。

②客户向服务器提出请求。

③服务器接受请求，并根据请求返回相应的文件作为应答。

④客户与服务器关闭连接。

(3)在 PT 工作区单击客户机，进入客户机界面后，选择桌面选项，在桌面选项下点击 Web 浏览器，在客户机的 Web 浏览器的 URL 中输入 Web 服务器的 IP 地址，并单击跳转，观察工作区中的变化(图 2-27)。

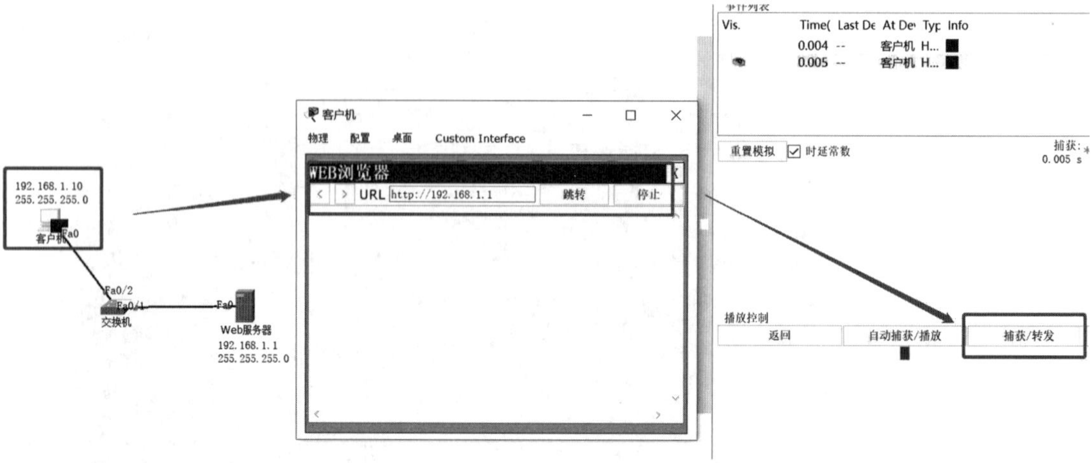

图 2-27　在客户机上使用浏览器访问 Web 服务器

(4)点击窗口右侧“捕获/转发”按钮,直至数据包信息块到达 Web 服务器后停止点击,单击 Web 服务器上信封图标的信息块,分析 HTTP 协议在 OSI 参考模型的工作过程(图 2-28)。

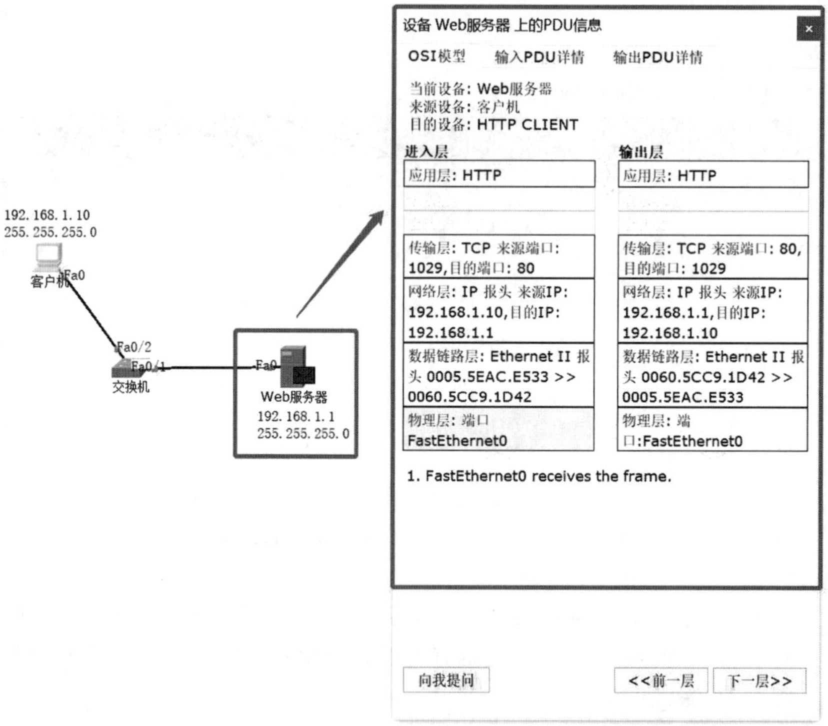

图 2-28　捕获 HTTP 协议在 OSI 参考模型的工作过程

从图 2-28 我们能够读取到,应用层 HTTP 协议将 HTML 格式的网页数据经过表示层和会话层后送到传输层,传输层将收到的上层数据划分为多个 TCP 数据段,并在每个 TCP 数据段前加了一个标签,称为报头,其包含的信息用于指定目的计算机上运行的哪个进程接收此报文,然后将数据段发送到网络层。网络层在整个 TCP 数据段前添加了包含源主机和目的主机的 IP 地址标签的 IP 报头，形成网络层的数据包，随后，将网络层数据包发送到数据链路层。数据链路层会在数据包前加入帧头，数据包后加入帧尾，形成数据链路层的数据帧，其中帧头中包含源物理地址和目的物理地址，帧尾则包含帧校验信息。最后，将数据帧送到物理层服务器网卡编码成比特位，到以太网介质中传输。

2.5　任务小结

通过本任务的学习，学习者掌握了 OSI 参考模型和 TCP/IP 协议模型这两种网络体系结构，并重点介绍了封装和解封的概念和工作过程，并能使用 ping 命令和 HTTP 协议抓包验证 OSI 参考模型 7 层的工作过程及形成的 PDU，利用 ping 命令测试和排除简单的网络故障，本章主要内容小结如下：

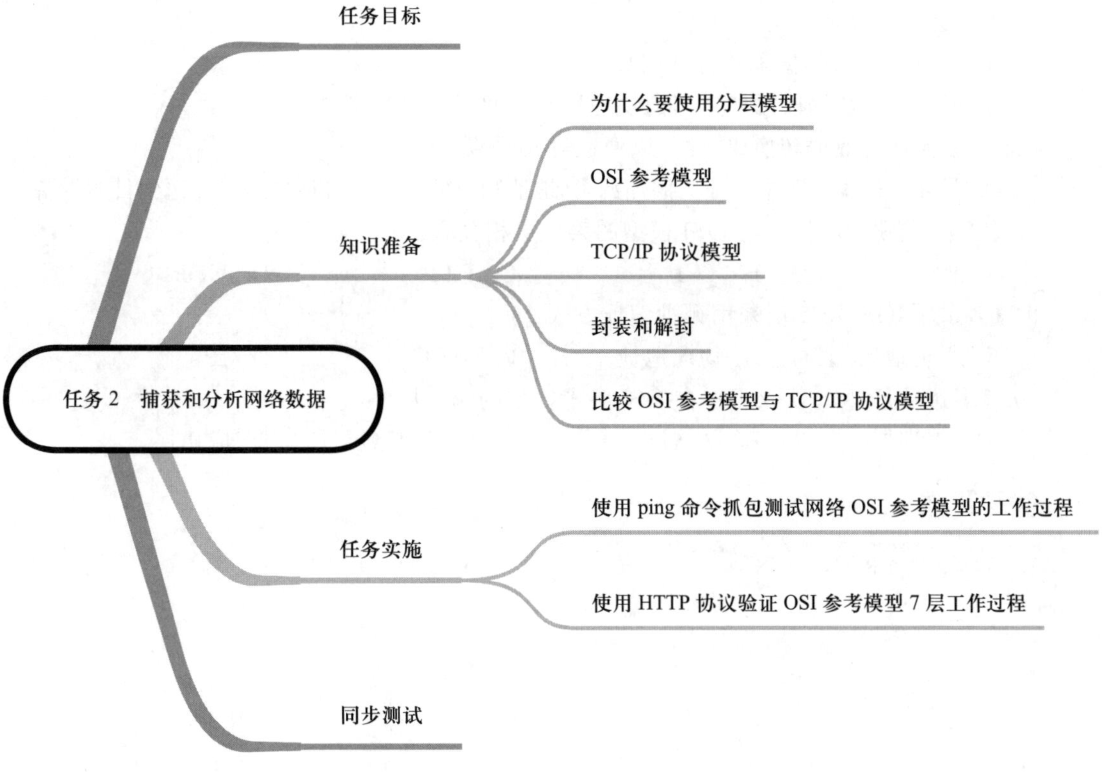

2.6　同步测试(共 10 题，每题 10 分)

1. 什么会将数据流划分为适合传输的较小片段？(　　)

   A. 封装　　B. 分段　　C. 协议　　D. PDU

2. 路由选择协议位于 OSI 参考模型的哪一层？(　　)

   A. 网络层　　B. 数据链路层　　C. 物理层　　D. 传输层

3. 通过检查网络层头部可以确定什么？(　　)

   A. 本地介质上的目的设备　　B. 目的主机地址

   C. 将要通过介质传输的比特　　D. 创建数据的源应用程序或进程

4. 哪一层实现的通信是物理通信？（　　）

A. 数据链路层　　B. 传输层　　C. 物理层　　D. 网络层

5. 在封装过程中，数据链路层执行什么操作？（　　）

A. 不添加地址　　B. 添加逻辑地址

C. 添加物理地址　　D. 添加进程的端口号

6. OSI 模型各层从最高层到最低层的正确顺序如何？（　　）

A. 物理层、网络层、应用层、数据链路层、表示层、会话层、传输层

B. 应用层、物理层、会话层、传输层、网络层、数据链路层、表示层

C. 应用层、表示层、物理层、会话层、数据链路层、传输层、网络层

D. 应用层、表示层、会话层、传输层、网络层、数据链路层、物理层

7. 当服务器响应 Web 请求时，将网页数据格式化并划分为 TCP 数据段后，封装过程接下来会发生什么？（　　）

A. 客户端解封数据段并打开网页

B. 客户端向数据段添加适当的物理地址以便服务器转发数据

C. 服务器将数据转换成比特，以便通过介质传输

D. 服务器在每个数据段报头添加源 IP 地址和目的 IP 地址，将数据包传送到目的设备

8. 【多选题】哪两项协议与 OSI 模型的第 4 层相关联？（　　）

A. IP　　B. TCP　　C. FTP　　D. UDP

9. 【多选题】OSI 第 2 层采用哪种编址方式？（　　）

A. 逻辑地址　　B. 物理地址　　C. MAC　　D. IP

10. 【多选题】ICMP 协议工作在 OSI 参考模型的哪一层？（　　）

A. 物理层　　B. 网络层　　C. 数据链路层　　D. 应用层

参考答案

1. B　2. A　3. B　4. C　5. C　6. D　7. D　8. BD　9. BC　10. BC

任务 3　简单局域网探究

3.1　任务引入

在前面任务实施中，我们完成了客户机/服务器网络拓扑的组建，在网络组建中我们使用了网络线缆进行了设备的连接，但如何正确选择线缆连接网络设备？如何制作符合工业标准的网线？组建有线局域网相对容易，但由于现在无线局域网应用广泛，如何组建无线局域网？如何设置无线局域网安全呢？下面我们通过简单局域网探究（网络拓扑如图 3-1 所示）来回答这些问题。

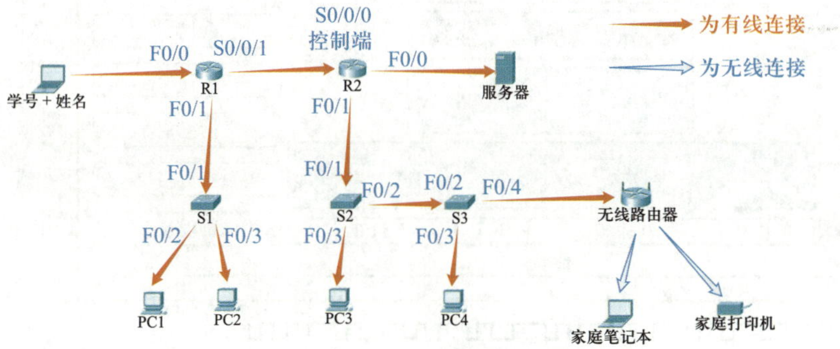

图 3-1　简单局域网探究拓扑图

视频 4　使用正确线缆连接网络拓扑

3.2　任务目标

- ✓ 了解物理层的定义和功能。
- ✓ 了解常见的物理层标准及其在网络中的应用。
- ✓ 了解无线局域网的概念和优缺点。
- ✓ 掌握网线制作步骤和注意事项。
- ✓ 掌握网络硬件设备识别及应用能力。
- ✓ 能够完成有线局域网的组建与维护。
- ✓ 能够完成无线局域网基本配置。
- ✓ 能够完成配置无线局域网安全。
- ✓ 培养学生注重细节、认真严谨的学习态度。
- ✓ 培养学生团队协作的精神。

3.3 知识准备

3.3.1 物理层的用途

OSI 物理层从数据链路层接收完整的帧，并将这些帧编码为比特，传输到本地介质上。经过编码的比特可以被终端设备或中间设备接收。

在通信过程中，用户在应用层形成的数据被传输层分段后封装为数据段，送到网络层后由网络层封装为数据包，送到数据链路层后被数据链路层封装为帧，到达物理层后，物理层的用途是创建电信号、光信号或微波信号，以表示每个帧中的比特，然后，将这些信号逐个发送到传输介质上，具体过程如图 3-2 所示。

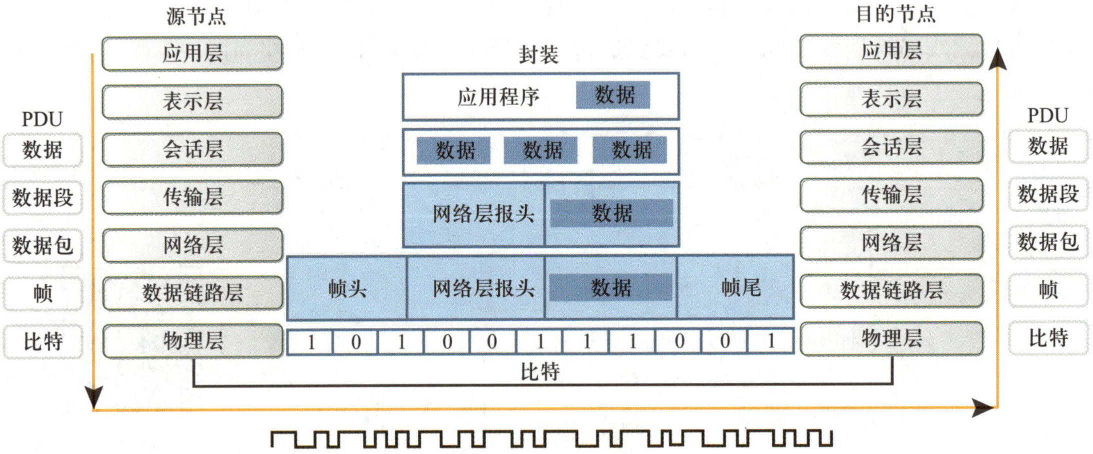

图 3-2 物理层的用途

3.3.2 数据的传输能力

不同的物理介质所支持的比特传输速度不同。可以使用以下三种方式测量数据传输：带宽、吞吐量、实际吞吐量。

介质传输数据的能力被描述为介质的原始数据带宽。带宽是在给定时间内从一个位置流向另一个位置的信息量。带宽通常以千位每秒(kbps)或兆位每秒(Mbps)作为计量单位。网络的实际带宽由物理介质的性能及选择用于信号处理和检测网络信号的技术共同决定。表 3-1 为常用带宽的单位。

表 3-1 常用带宽单位

带宽单位	缩写	换算
位每秒	bps	1 bps 为带宽的基本单位
千位每秒	kbps	1 kbps=1 000 bps=10^3 bps
兆位每秒	Mbps	1 Mbps=1 000 000 bps=10^6 bps

续表3-1

带宽单位	缩写	换算
千兆位每秒	Gbps	1 Gbps＝1 000 000 000 bps＝10^9 bps
兆兆位每秒	Tbps	1 Tbps＝1 000 000 000 000 bps＝10^{12} bps

吞吐量是在给定时段内通过传输介质的比特的量。由于受各种因素影响，吞吐量经常与物理层中指定的带宽不符。这些因素包括被测网络上的流量、流量类型和网络设备的数量。因此每个节点的吞吐量随介质使用量的增加而减少。

实际吞吐量是在给定时间内传输的可用数据的量，它也是网络用户最感兴趣的量度。吞吐量测量的是比特传输，而不是可用数据的传输，实际吞吐量就是吞吐量减去建立会话、确认和封装产生的流量开销。具体比较如图 3-3 所示。

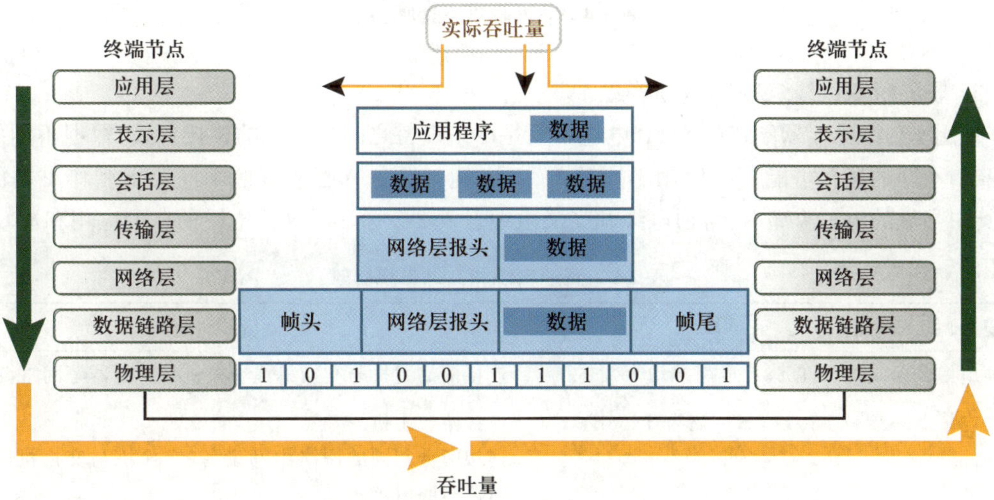

图 3-3　吞吐量和实际吞吐量的比较

举例：假设局域网上的两台主机正在传输文件，局域网的带宽为 100 Mbps，由于存在共享和介质开销，两台计算机之间的吞吐量仅为 60 Mbps，包括封装处理 TCP/IP 协议栈的开销，目的计算机接收数据的实际速率，即实际吞吐量只有 40 Mbps。

3.3.3　物理介质的类型

网络传输介质存在三种基本形式：铜缆、光缆、无线介质。

对于铜缆介质，信号为电子脉冲模式。对于光缆，信号为光模式。对于无线介质，信号为无线电传输模式。

1. 非屏蔽双绞线（UTP）

非屏蔽双绞线（UTP）电缆用于以太网 LAN，它由四对带彩色标记的电线绞合在一起，然后包裹在一个柔软的塑料护套中构成。如图 3-4 所示，彩色标记用于标识各对绞线和线对中的电线，以方便电缆端接。绞合电缆可以消除多余的信号，如果将电路中的两条电线紧密排列，则外部电磁场在每条电线中产生的干扰相同。线对绞合是为了保证两条电线尽可能紧密放置。

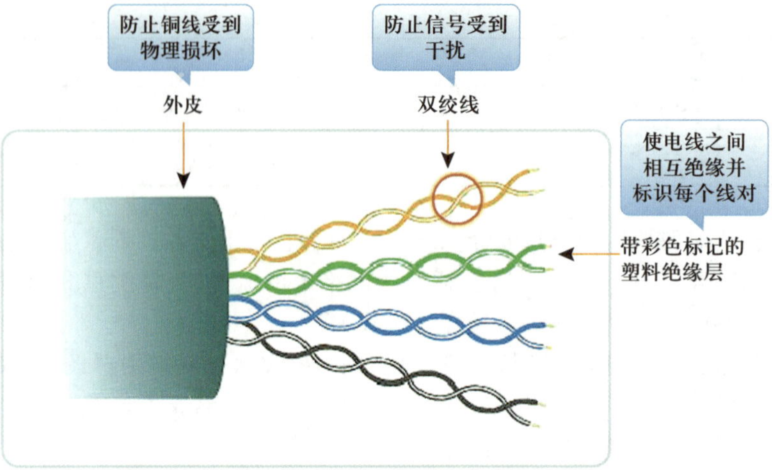

图 3-4　非屏蔽双绞线(UTP)

2. 非屏蔽双绞线(UTP)电缆类型

使用 RJ-45 连接器端接的 UTP 电缆布线是网络设备之间最常见的连接方式,根据不同的布线规定,不同的场合可能需要使用不同的 UTP 电缆。这意味着要按照不同要求制作不同的电缆,其中常见的电缆类型有:直通电缆和交叉电缆。表 3-2 标注了这些电缆的典型应用和比较。

表 3-2　直通电缆和交叉电缆比较

电缆类型	标准	应用
直通电缆	两端均为 T568A 或两端均为 T568B	连接网络主机与交换机或交换机与路由器等网络设备
交叉电缆	一端为 T568A,另一端为 T568B	连接两台主机 连接两台相同的网络中间设备(交换机与交换机或路由器与路由器)

3. 双绞线制作标准:T568A 和 T568B

非屏蔽双绞线(UTP)线中有四对不同颜色的线缆,使用的接头为 RJ-45 型水晶头。关于双绞线的色标和排列方法有统一的国际标准严格规定,即 TIA/EIA-568-B 和 TIA/EIA-568-A,如图 3-5 所示。

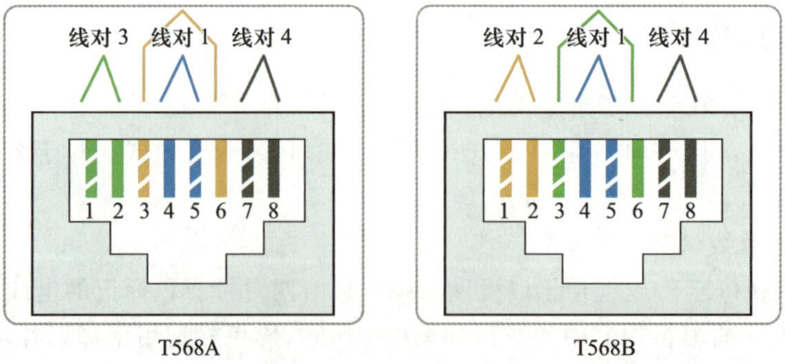

图 3-5　T568A 和 T568B 线序

T568A：绿白、绿、橙白、蓝、蓝白、橙、棕白、棕。

T568B：橙白、橙、绿白、蓝、蓝白、绿、棕白、棕。

交叉缆：同一根网线的两端使用不同的线序，即，网线的两端，一端用568A，一端用568B。

直通缆：同一根网线的两端使用同样的线序，即，网线的两端都使用568A或568B（实际运用中一般都使用568B）。

4. 屏蔽双绞线（STP）电缆

网络中使用的另一种电缆是屏蔽双绞线（STP）。如图3-6所示，STP使用的是两对整个包裹在金属编织网或金属箔中的电线。STP电缆屏蔽了电缆中的整捆电线和每个电线对。STP提供了比UTP电缆更好的噪声保护，但是价格明显更高。多年来，STP是令牌环网络安装指定要用的布线结构。随着令牌环使用的减少，对屏蔽双绞线布线的需求也急剧下降。

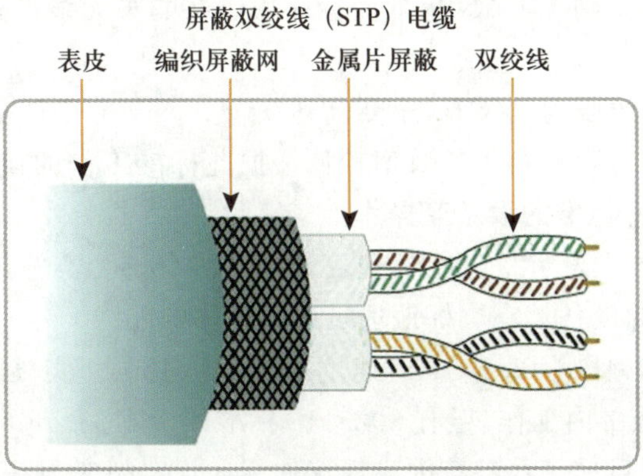

图3-6 屏蔽双绞线(STP)

5. 光纤介质

光缆使用玻璃或塑料光纤将光脉冲从源设备传导至目的设备。通过光缆传输时，比特会被编码成光脉冲，光缆能够传送很高的原始数据带宽速率。

因为光纤很细且具有相对低的信号丢失，并且它们的作用距离比铜介质更长，并且无须再生信号。有些光纤物理层规范允许的长度高达数千米。目前，在大多数企业环境中，光纤主要用作数据分布层设备间的高流量点对点连接和拥有多栋建筑物的校园建筑物互连的主干布线。光纤不会导电且信号丢失率低，因此非常适合这些场合应用，光纤介质截面图如图3-7所示。

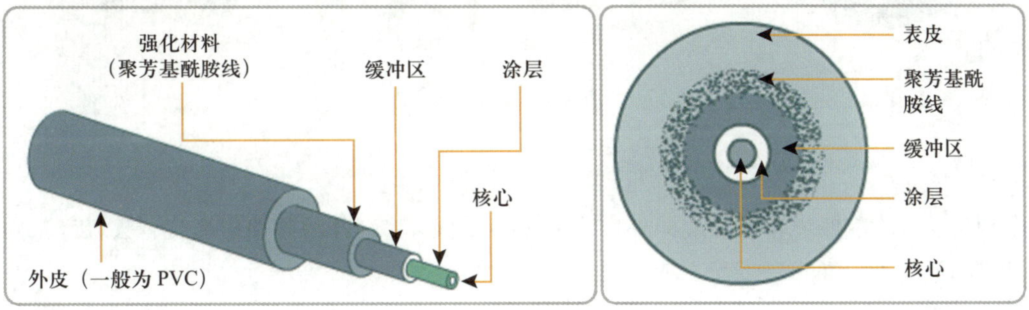

图3-7 光纤介质截面图

光缆通常可分为两种类型:单模和多模。

单模光纤传送单束光线,通常是由激光发射的。由于激光是单向且沿着光纤的中心传输,此类光纤可将光脉冲传输到更远的距离。

多模光纤通常使用 LED 发射器,它们不会产生单束相干光波,而是让 LED 发出的光从不同角度进入多模光纤。因为以不同角度进入光纤的光沿着光纤传输所需要的时间不同,所以长距离的光纤传输会使脉冲在接收端变弱。

6. 无线介质

常见的无线数据实施能使设备通过 LAN 以无线方式连接。通常无线 LAN 要求具备下列网络设备:无线接入点(AP)——集中用户的无线信号,并常常使用铜缆连接到现有基于铜介质的网络基础架构,如以太网。无线 NIC 适配器——能够为每台网络主机提供无线通信。随着技术的发展,许多以太网 WLAN 标准应运而生。在购买无线设备时要格外小心,必须确保它的兼容性和互操作性。标准包括:

IEEE 802.11a-工作频段为 5 GHz,速度高达 54 Mbps。由于此标准的工作频率较高,因此它的覆盖面积较小,透过建筑物体的效率较低。据此标准工作的设备不能和下文所描述的基于 802.11b 和 802.11g 标准的设备互操作。

IEEE 802.11b-工作频段为 2.4 GHz,速度高达 11 Mbps。实施该标准的设备相距较远,它比基于 802.11a 标准的设备具有更好地透过建筑物体的能力。

IEEE 802.11g-工作频段为 2.4 GHz,速度高达 54 Mbps。实施该标准的设备可以在和 802.11b 相同的射频和范围内工作,但有 802.11a 标准的带宽。

IEEE 802.11n-标准目前正在起草中。提议的标准规定频率为 2.4 GHz 或 5 GHz。预计数据速率为 100～210 Mbps、距离长达 70 m。

3.3.4 制作直通网线

准备的材料和工具(图 3-8):

网线(UTP)、RJ45 接头、网钳、剥线器和测线仪。

图 3-8 制作工具

1. 剥线

利用压线钳剥线器将双绞线的外皮除去 2 cm 左右,将划开的外保护套管剥去(旋转、向外抽,图 3-9)。

2. 理线

按 T568B 线序标准将 8 根导线平坦整齐地平行排列,导线间不留空隙(图 3-10)。

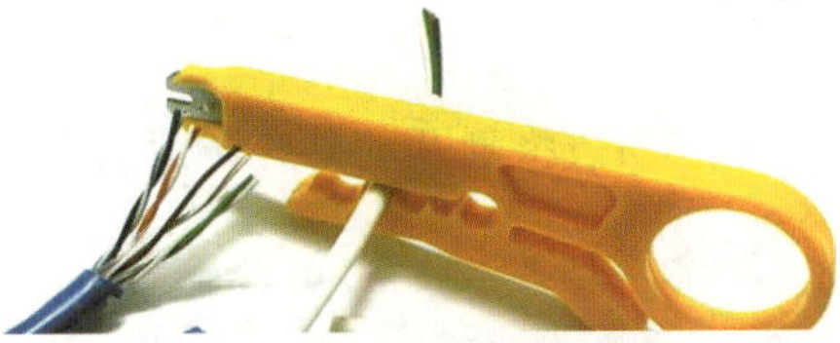

图 3-9 剥线示意图

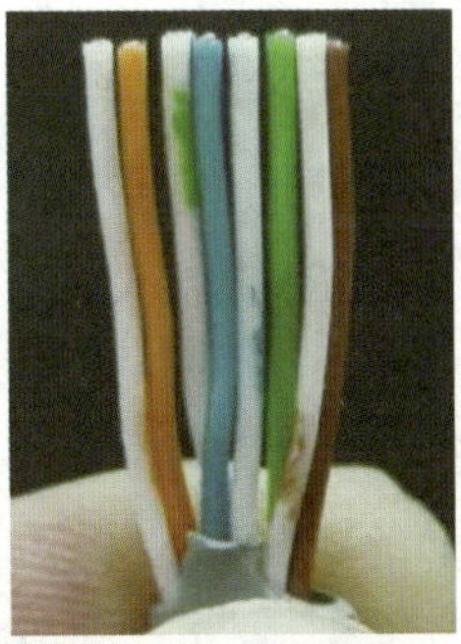

图 3-10 理线示意图(一)

3. 剪线

将裸露出的双绞线用压线钳剪下只剩约 1.4 cm 的长度,一定要剪得很整齐(图 3-11)。

4. 插线

将剪断的双绞线放入 RJ-45 插头试试长短(要插到底),双绞线的外保护层最后应能够在 RJ-45 插头内的凹陷处被压实,有时需要反复进行调整(图 3-12)。

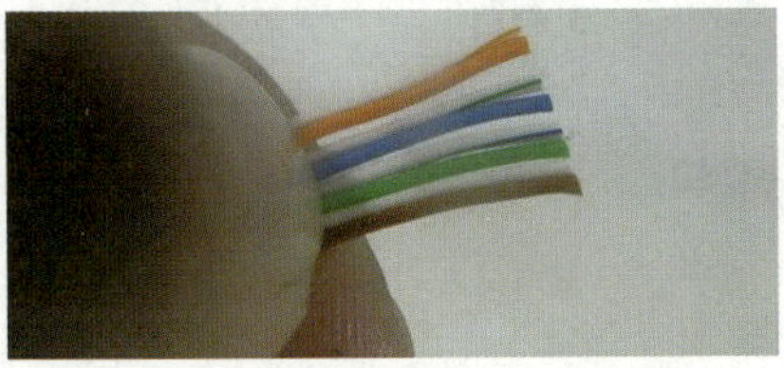

图 3-11 剪线示意图

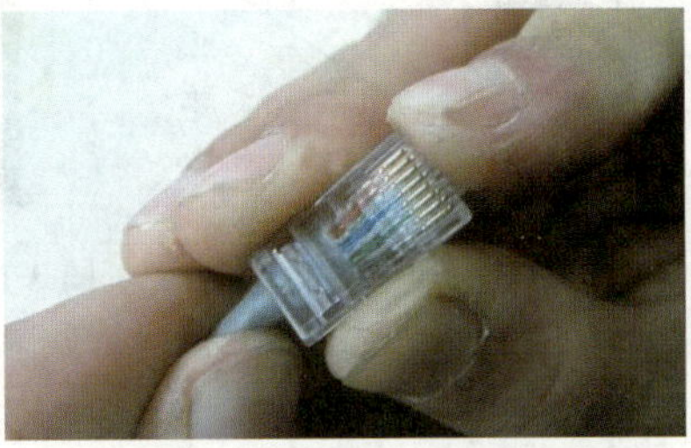

图 3-12 插线示意图

5. 压线

在确认一切都正确后(特别要注意不要将导线的顺序排列反了),将 RJ-45 插头放入压线钳的压头槽内,双手紧握压线钳的手柄,用力压紧(图 3-13)。

6. 测线

按同样的步骤制作双绞线的另一端,然后将双绞线两端接到测线仪两端,打开测线仪开关,则此时测线仪的指示灯应从 1 一直亮到 8,且顺序一样(图 3-14)。

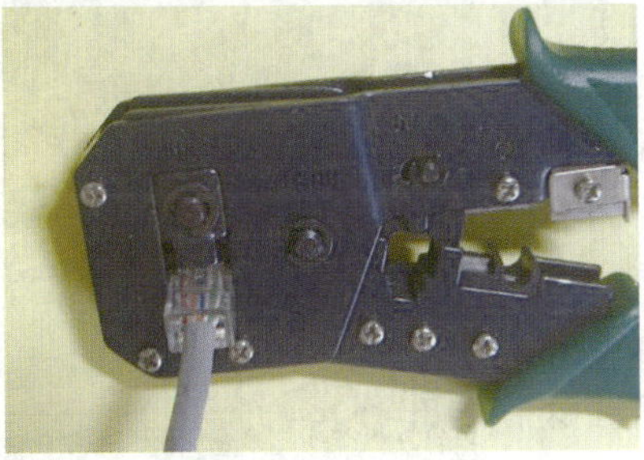

图 3-13 压线示意图

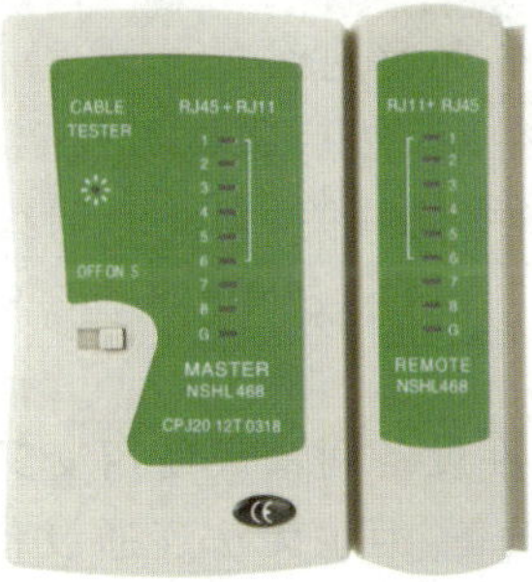

图 3-14 测线示意图(一)

3.3.5 制作交叉网线

准备的材料和工具(图 3-8)：

网线(UTP)、RJ45 接头、网钳、剥线器和测线仪。

1. 剥线

利用压线钳剥线器将双绞线的外皮除去 2 cm 左右；将划开的外保护套管剥去(旋转、向外抽，图 3-9)。

2. 理线

按 T568A 线序标准将 8 根导线平坦整齐地平行排列，导线间不留空隙(图 3-15)。

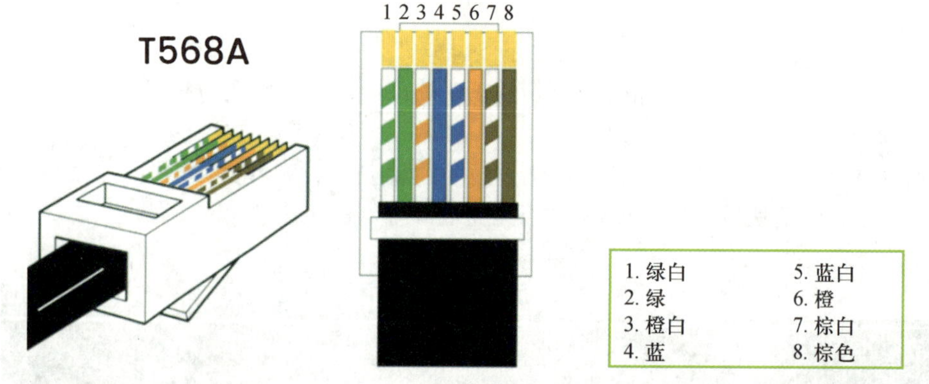

图 3-15 理线示意图(二)

3. 剪线

将裸露出的双绞线用压线钳剪下只剩约 1.4 cm 的长度，一定要剪得很整齐(图 3-11)。

4. 插线

将剪断的双绞线放入 RJ-45 插头试试长短(要插到底)，双绞线的外保护层最后应能够在 RJ-45 插头内的凹陷处被压实，有时需要反复进行调整(图 3-12)。

5. 压线

在确认一切都正确后(特别要注意不要将导线的顺序排列反了)，将 RJ-45 插头放入压线钳的压头槽内，双手紧握压线钳的手柄，用力压紧(图 3-13)。

6. 测线

按制作直通网线的步骤制作 T568B 标准双绞线的另一端，然后将双绞线两端接到测线仪两端，打开测线仪开关，则此时测线仪的指示灯应从 1-3、2-6、3-1、4-4、5-5、6-2、7-7、8-8 的顺序对位闪亮(图 3-16)。

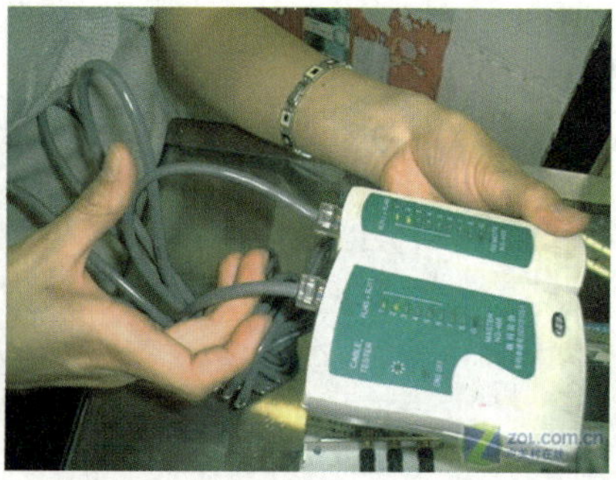

图 3-16 测线示意图(二)

注意：在设备间错误使用交叉电缆或直通电缆不会损坏设备，但也无法连通设备并进行通信。这是实验室中的常见错误，如果没有连通，首先应进行故障排除，检查设备连接是否正确。

3.4　任务实施

在本任务中，根据配置选择适当的线缆，并且使用正确的端口进行设备连接；能够根据实际需求组建无线局域网并进行网络安全选项的设置。

子任务1　使用正确的线缆连接网络设备

1. 添加正确的网络设备到工作区

在虚拟仿真平台PT中添加如图3-17所示的网络设备，并按照图示修改设备显示名称。

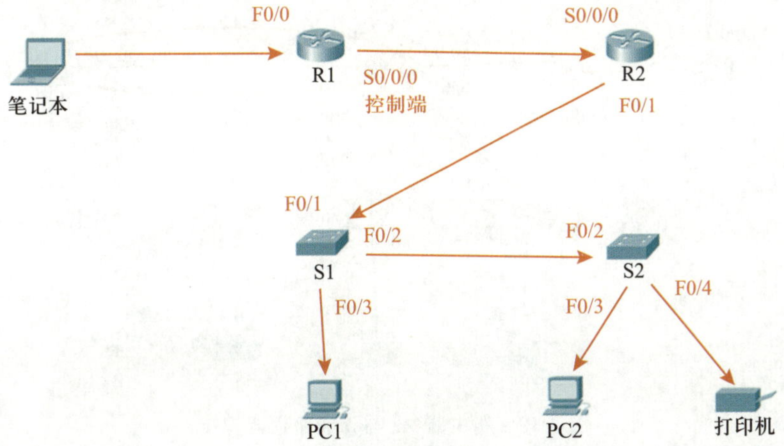

图3-17　使用正确线缆连接网络设备图

注意：网络设备名称也要保持与拓扑图中名称一致，在实践操作中注重严谨工作习惯的养成。

2. 连接设备

(1)使用适当的线缆，将Laptop0和R1路由器的f0/0接口相连。

此处应该使用的线缆类型为：________________

为什么？________________

(2)使用适当的线缆，将路由器R1的S0/0/0接口与路由器R2的S0/0/0接口相连。

注意：

①添加到工作区的路由器默认情况下不具有广域网模块，所以当想使用广域网模块时，需要手动添加模块。

②由于路由器R1作为控制端，所以选择线缆时，R1的S0/0/0接口应为DCE端。

(3)使用适当的线缆，将R2的f0/1接口和S1交换机的f0/1接口相连。

此处应该使用的线缆类型为：________________

(4)使用适当的线缆，将S1交换机与S2交换机相连。

此处应该使用的线缆类型为：________________

(5)使用适当的线缆，将S1交换机与PC1相连。

(6)使用适当的线缆，将S2与PC2、S2与打印机相连。

子任务 2　组建无线局域网

1. 在工作区添加一台无线路由器

在子任务 1 拓扑图工作区中添加一台无线路由器，并使用适当的线缆将 R2 路由器的 f0/0 端口与无线路由器的 Internet 接口相连，如图 3-18 所示。

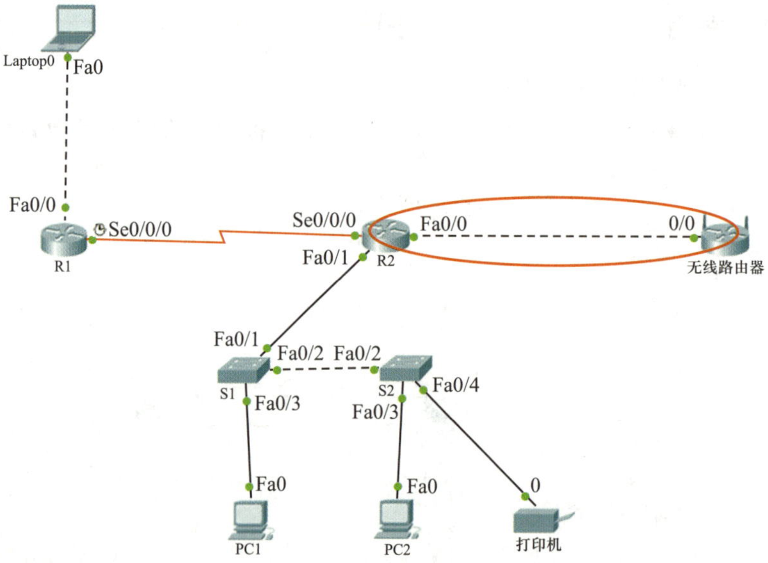

图 3-18　路由器 R2 与无线路由器连接

2. 在工作区添加两台 PC 机

在工作区添加两台 PC 机，分别命名为 2A 和 2B，如图 3-19 所示。

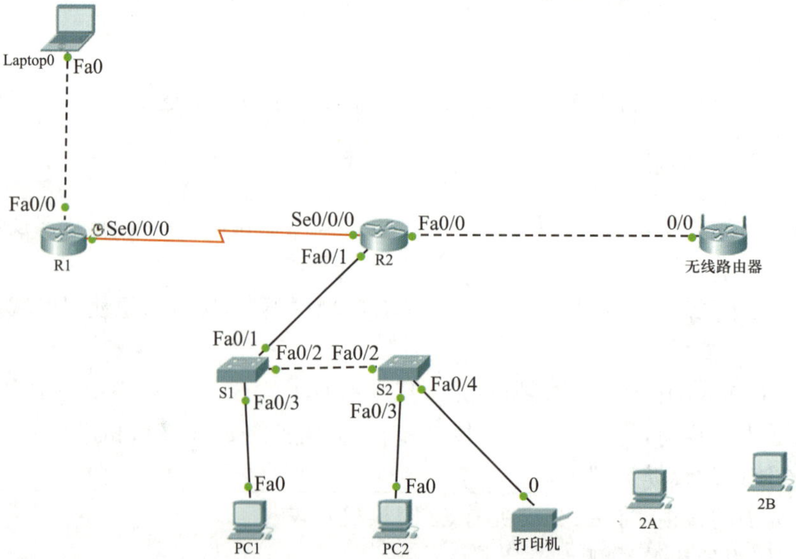

图 3-19　添加两台 PC 机到工作区

3. 将 PC 机的有线网卡替换为无线网卡

将两台 PC 机的有线网卡替换为无线网卡，操作如图 3-20 所示。

注意：添加好无线网卡后要再次开启 PC 机的电源。

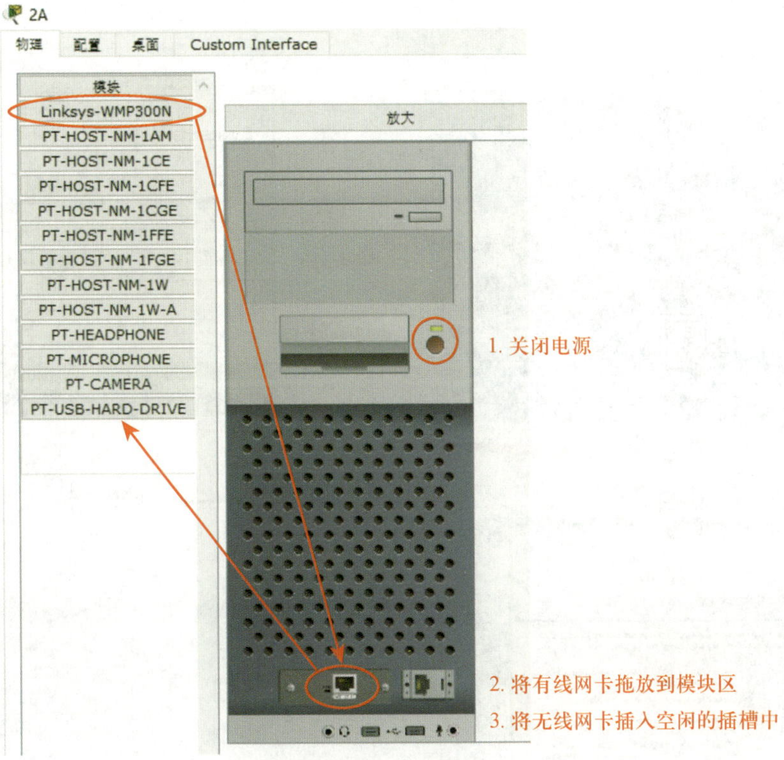

图 3-20　将有线网卡替换为无线网卡

4. 设置无线路由器

设置无线路由器的 SSID 为 JSJWL，密码为 9999999999，操作如图 3-21 所示。

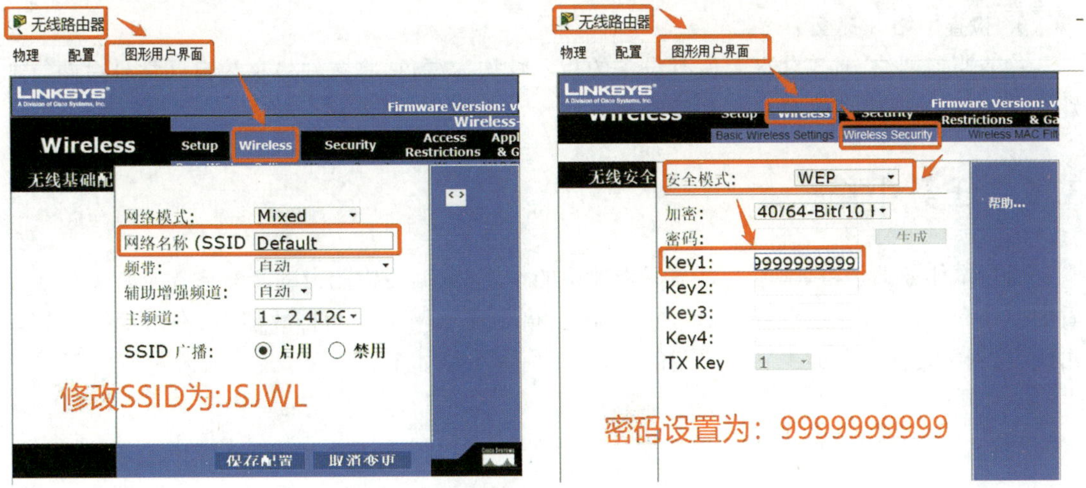

图 3-21　设置无线路由器 SSID 和密码

注意：设置完成后一定要点击窗口下端的保存修改按钮。

5. 将两台 PC 机 2A 和 2B 接入无线网络中

在两台 PC 机的桌面下单击无线 PC 配置选项，搜索到 JSJWL，正确输入密码进行无线连接，如图 3-22 所示(以 PC2A 为例)。

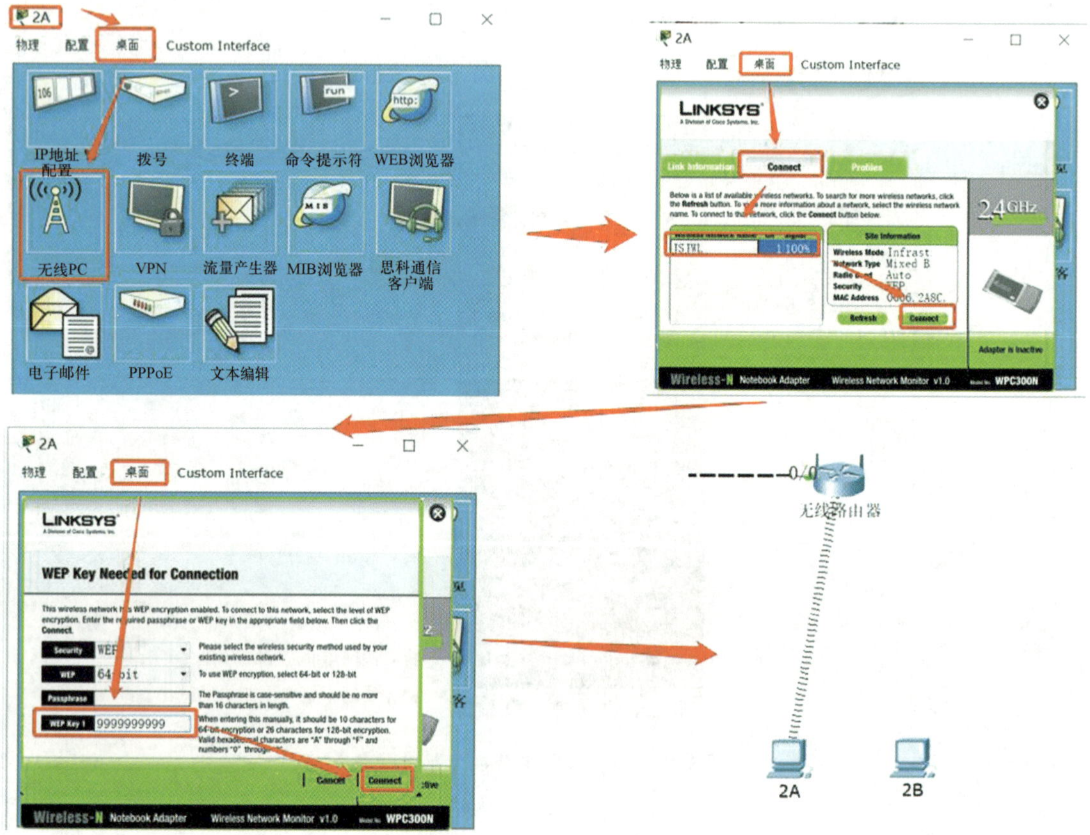

图 3-22 将 PC 机接入到无线网络中

6. 检查网络并提交

检查当前网络，且工作区上所有设备的指示灯均为绿色，将文件另存为自己学号后两位加姓名的文件名保存，将文件发送到教师机。

3.5 任务小结

通过本任务的学习，学习者要掌握物理层的作用、数据传输能力的测量方式及常见传输介质的使用和制作，并在掌握基础知识的基础上，培养局域网组建与排故能力、网络双绞线的制作能力、网络硬件设备的识别及应用能力，主要内容小结如下：

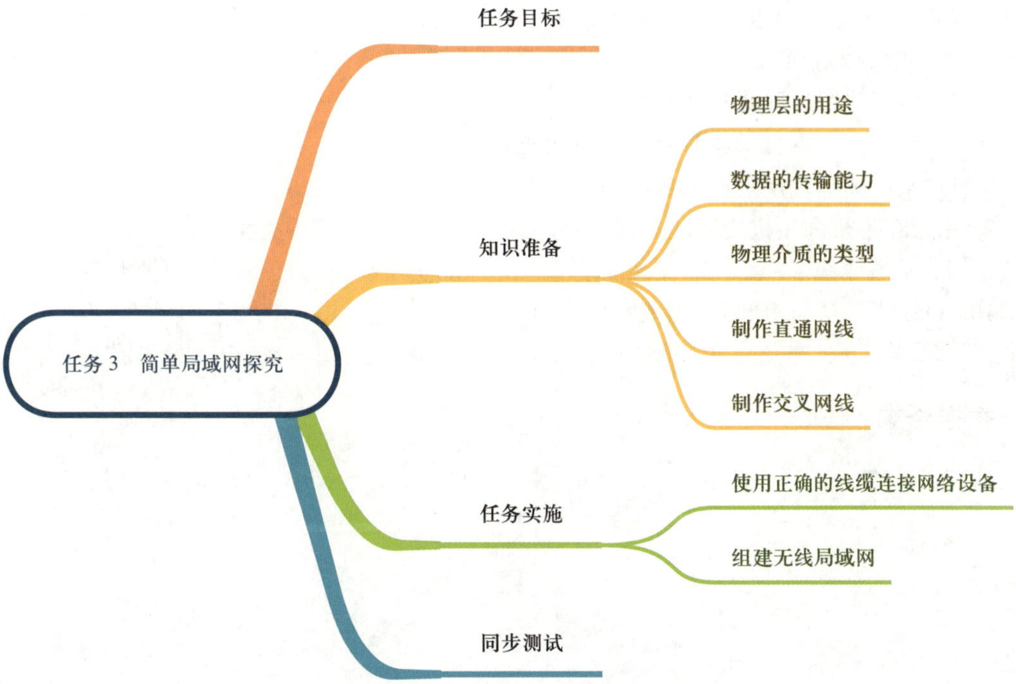

3.6　同步测试(共 10 题,每题 10 分)

1. 双绞线制作普遍采用的 T568B 标准的线序为下面哪个选项?(　　)
   A. 橙白　橙　蓝白　绿　绿白　蓝　棕白　棕
   B. 绿白　绿　橙白　蓝　蓝白　橙　棕白　棕
   C. 橙白　橙　绿白　蓝　蓝白　绿　棕白　棕
   D. 橙白　橙　绿白　绿　蓝白　蓝　棕白　棕
2. 一座大楼内的计算机网络系统属于什么网络?(　　)
   A. WLAN　　B. LAN　　C. WAN　　D. MAN
3. 每个网卡拥有一个全球唯一的网卡地址,它是一个长度为多少位的二进制数?(　　)
   A. 32　　B. 64　　C. 16　　D. 48
4. 路由选择协议位于 OSI 参考模型的哪一层?(　　)
   A. 网络层　　B. 数据链路层　　C. 物理层　　D. 传输层
5. 以下哪个选项是单模光缆的特征?(　　)
   A. 一般使用 LED 作为光源　　B. 因为有多条光通路,核心相对较粗
   C. 价格比多模低　　D. 一般使用激光作为光源
6. 星形拓扑结构适用于哪种网络?(　　)
   A. 局域网　　B. Internet　　C. 互联网　　D. 广域网
7. 在封装过程中,数据链路层执行什么操作?(　　)
   A. 不添加地址　　B. 添加逻辑地址
   C. 添加物理地址　　D. 添加进程的端口号

8. 如果在网络中使用非屏蔽双绞线铜缆，导致线对内串扰的原因是什么？（　　）

A. 相邻线对周围的磁场

B. 使用编织线屏蔽相邻线对

C. 因两个节点尝试同时使用介质而导致的冲突

D. 从电缆远端反射回来的电波

9. 用于在主机和主机之间建立以太网连接的线缆是下面哪种类型？（　　）

A. 直通线缆　　B. 交叉线缆　　C. 全反线缆　　D. 同轴电缆

10. OSI 哪一层与 IP 编址相关？（　　）

A. 第 1 层　　B. 第 2 层　　C. 第 3 层　　D. 第 4 层

参考答案

1. C　2. B　3. D　4. A　5. D　6. A　7. C　8. A　9. B　10. C

任务 4　数据链路层问题探究

4.1　任务引入

网络层数据包在从源主机传输到目的主机的过程中，必须通过各种物理网络。这些物理网络可由不同类型的物理介质组成，如铜线、微波、光纤以及卫星链路。网络层数据包无法直接访问这些介质。当数据包通过不同网络时，就封装在许多不同的数据链路层帧中，当经过局域网时，将形成局域网数据帧，当经过广域网时，由于使用的广域网协议不同，将形成不同的广域网数据帧，本次探究将跟踪不同网络的数据包，研究不同的数据链路层封装形成的不同类型数据帧的结构及内容，拓扑结构图如图 4-1 所示。

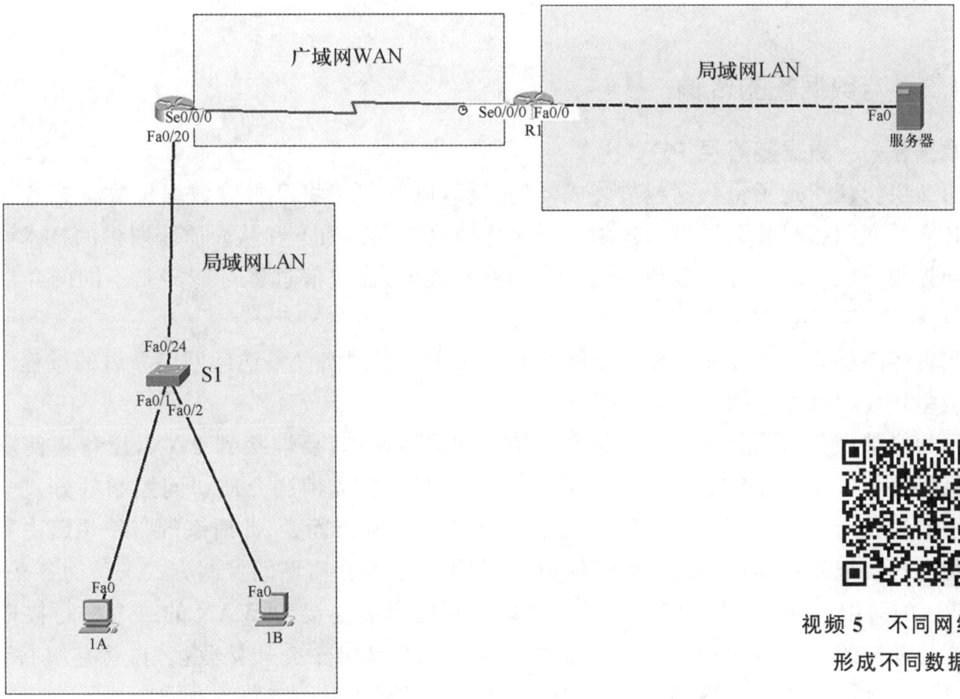

图 4-1　拓扑结构图

视频 5　不同网络连接形成不同数据帧

4.2 任务目标

- ✓ 了解数据链路层的定义和功能。
- ✓ 了解常见的数据链路层标准及其在网络中的应用。
- ✓ 掌握常见数据链路层的帧结构。
- ✓ 掌握数据链路两个子层的功能和作用。
- ✓ 会使用 PT 平台搭建抓取不同数据链路层帧结构的网络拓扑。
- ✓ 掌握查看 MAC 地址和 IP 地址的命令。
- ✓ 掌握查看各种网络结构中数据链路层帧结构的方法。
- ✓ 对比不同网络帧结构的不同。
- ✓ 培养学生注重细节、认真严谨的学习态度。
- ✓ 培养学生团队协作的精神。

4.3 知识准备

4.3.1 数据帧的传输

数据帧——数据链路层 PDU

第 2 层协议指定了将数据包封装成帧的过程，以及用于将已封装数据包放置到各介质上和从各介质获取已封装数据包的技术。用于将帧放置到介质上和从介质获取帧的技术称为介质访问控制方法。对于通过多种不同介质传输的数据，各通信过程可能需要不同的介质访问控制方法。

数据链路层协议所描述的介质访问控制方法定义了网络设备访问网络介质的过程以及在不同网络环境中传输帧的过程。

作为终端设备的节点使用适配器来连接到网络。例如，要连接到 LAN，设备将使用适当的网络接口卡(NIC)来连接到 LAN 介质。适配器管理着成帧和介质访问控制的方式。在类似路由器这样的设备中，介质类型可能会因各种连入的网络而变，此时系统将使用路由器上的不同物理接口把数据包封装到适当的帧中，并使用适当的介质访问控制方式来访问各条链路。图 4-2 中的路由器具有连接到 LAN 的一个以太网接口和连接到 WAN 的一个串行接口的功能。在处理帧的过程中，路由器将使用数据链路层服务从某个介质接收帧，再将它解封到第 3 层 PDU，然后将 PDU 重新封装到新帧中，再将帧放到网络下一链路的介质中。

4.3.2 创建帧

帧是每个数据链路层协议的关键要素。数据链路层协议需要控制信息才能使协议正常工作。数据链路层使用帧头和帧尾将数据包封装成帧，以便经本地介质传输数据包。数据链路层帧(图 4-3)包括：

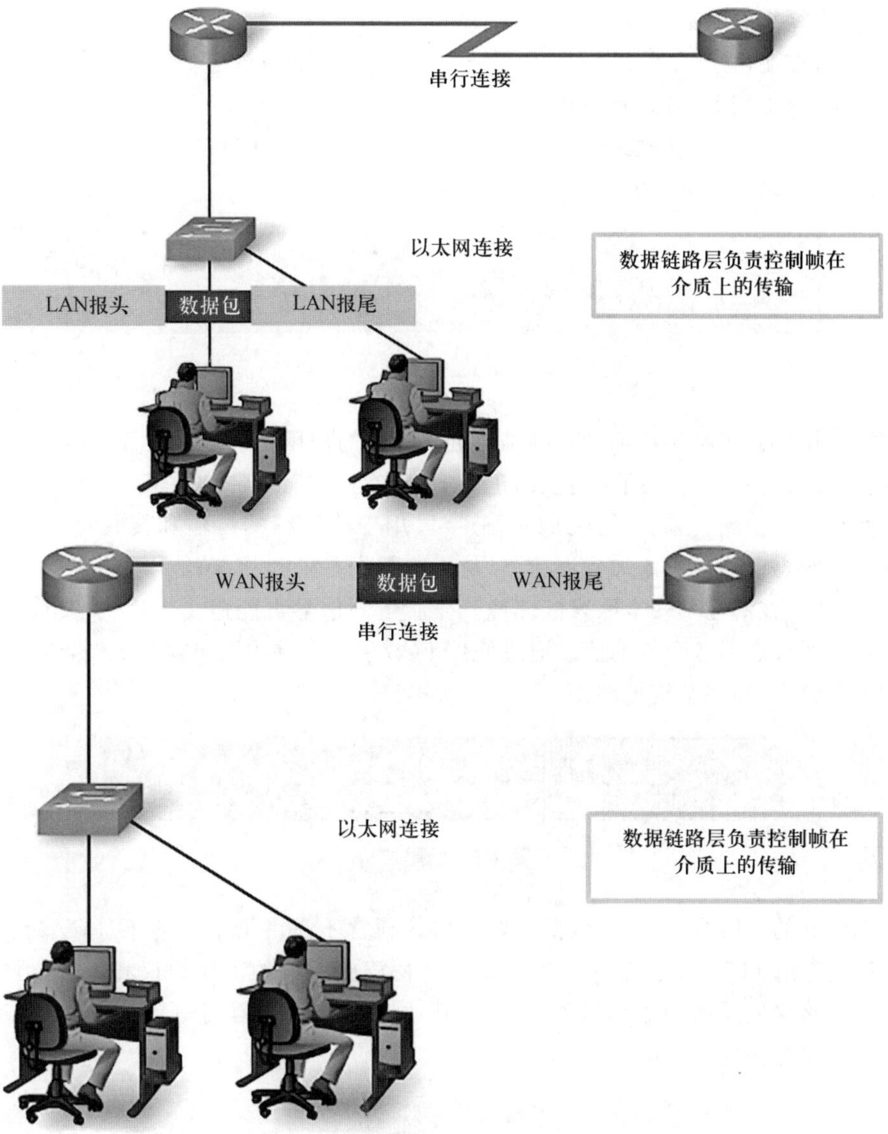

图 4-2　在不同网络环境中传输帧的过程

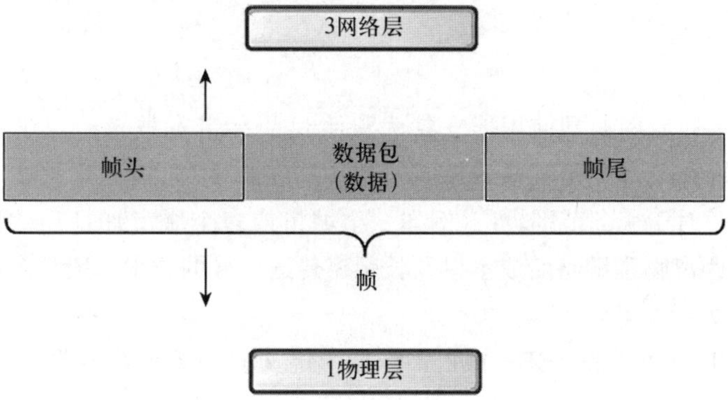

图 4-3　帧结构图

数据:来自网络层的数据包;

帧头:包含控制信息(如编址信息)且位于 PDU 开头位置;

帧尾:包含添加到 PDU 结尾处的控制信息。

数据链路层地址包含在帧头中,它指定了帧在本地网络中的目的节点。帧头还可能包含帧的源地址,帧头结构见图 4-4。

图 4-4　帧头结构

数据链路层协议将帧尾添加到各帧结尾处。帧尾的作用是确定帧是否无错到达。此过程称为错误检测。请注意,它不同于错误纠正。通过将组成帧的各个位的逻辑或数学摘要放入帧尾中来实现错误检测。帧校验序列(FCS)字段用于确定帧的传输和接收过程有无发生错误。之所以在数据链路层中添加错误检测,是因为数据是通过该层的介质传输的。对于数据而言,介质是个存在潜在不安全因素的环境。介质上的信号可能遭受干扰、失真或丢失,从而改变这些信号所代表的各个位的值。通过使用 FCS 字段提供的错误检测机制,可找出介质上发生的大部分错误,帧尾结构见图 4-5。

图 4-5　帧尾结构

与 TCP/IP 的上层协议不同,数据链路层协议通常不是由请求注解(RFC)定义的。Internet 工程任务组(IETF)虽然维护着 TCP/IP 协议族上层的工作协议和服务,但它没有定义该模型的网络接入层的功能和操作。TCP/IP 网络接入层相当于 OSI 数据链路层和物理层。数据链路层标注见图 4-6。

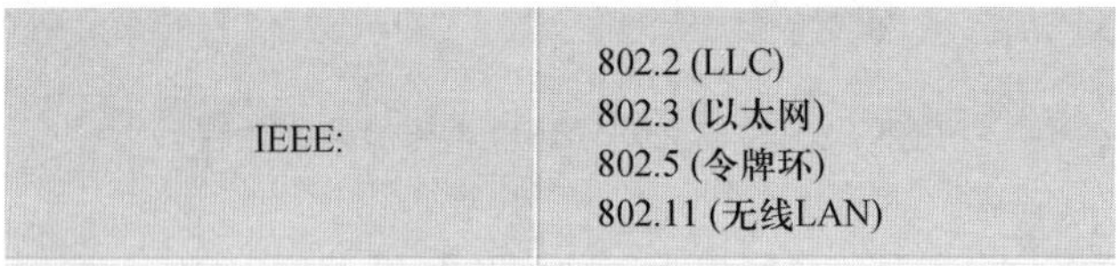

图 4-6　IEEE 帧标准

LAN 技术——局域网通常使用能支持大量主机的高带宽技术。由于 LAN 的地理范围相对较小(单个建筑物或多个建筑物的校园),用户的密集度高,因此这种技术比较节约成本。

WAN 技术——对于服务范围较广(例如一个城市或多个城市)的广域网,使用高带宽技术通常不够经济。长距离物理链路的成本以及长距离传送信号的技术一般都会使带宽容量降低。

1. LAN 的以太网协议

以太网是 IEEE 802.2 和 IEEE 802.3 标准中定义的一系列联网技术。以太网标准定义第 2 层协议和第 1 层技术。以太网是最广泛使用的 LAN 技术且支持 10 Mbps、100 Mbps、

1 000 Mbps 和 10 000 Mbps 的数据带宽。OSI 第 1 层和第 2 层的基本帧格式和 IEEE 子层在所有以太网形式中都是一样的。但用于检测数据和将数据放置到介质上的方法在不同实施中却有所不同。以太网 MAC 地址为 48 位且通常以十六进制格式表示。

如图 4-7 所示，以太网帧具有多个字段。在数据链路层中，所有速度的以太网的帧结构都几乎相同。然而，在物理层，不同以太网将各个位放到介质上的方法各有不同。

以太网协议
LAN通用的数据链路层协议
帧

字段名称	前导码	目的	源	类型	数据	帧校验序列
大小	8个字节	6个字节	6个字节	2个字节	46~1 500个字节	4个字节

图 4-7　以太网帧结构

2. WAN 的点对点协议

点对点协议（PPP）是用于在两个节点之间传送帧的协议。PPP 标准由 RFC 定义，这和许多数据链路层协议不同，它们是由电气工程组织定义的。PPP 是一种 WAN 协议，且保持所选协议可实施多个串行 WAN。PPP 可用于各种物理介质（包括双绞线、光缆和卫星传输）以及虚拟连接。WAN 通用数据链路协议帧结构如图 4-8 所示。

点对点协议
WAN通用的数据链路协议
帧

标志	地址	控制	协议	数据	FCS
1个字节	1个字节	1个字节	2个字节	不定	2个或4个字节

图 4-8　WAN 通用帧结构

4.3.3　数据链路子层

数据链路层是其上各层的软件进程与其下的物理层之间的连接层（图 4-9）。因此，它使网络层数据包做好通过各种介质（铜缆、光纤或大气）向外传输的准备。

为支持各式各样的网络功能，数据链路层通常拆分成两个子层（图 4-10）：上子层 LLC（逻辑链路控制）和下子层 MAC（介质访问控制）。

上子层定义了向网络层协议提供服务的软件进程。

下子层定义了硬件所执行的介质访问进程。

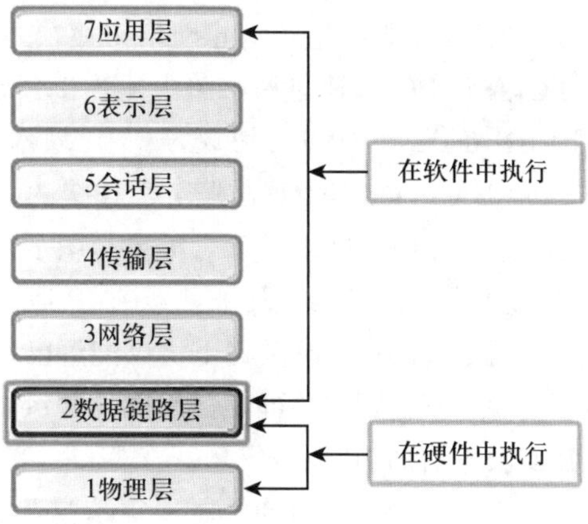

图 4-9　数据链路层连接软件层和硬件层

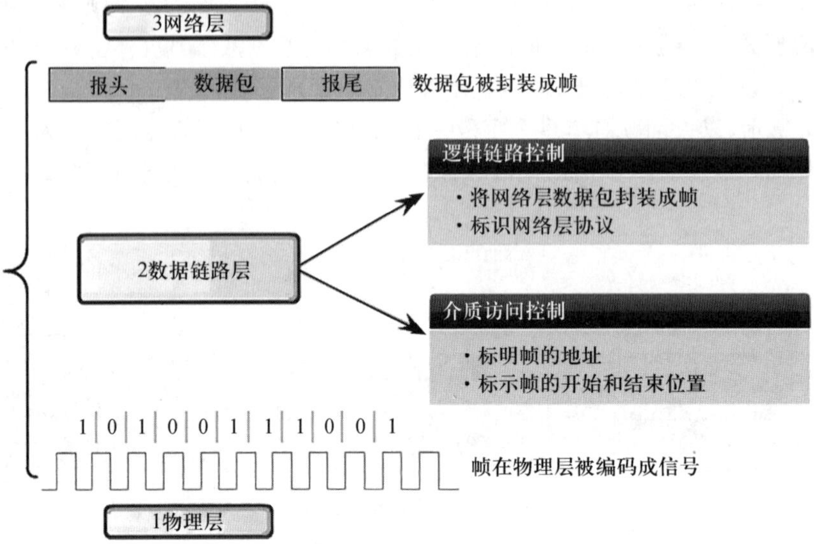

图 4-10　数据链路子层

逻辑链路控制（LLC）放入帧中的信息用于确定帧所使用的网络层协议。此信息允许多个第 3 层协议(如 IP 和 IPX)使用相同的网络接口和介质。

介质访问控制（MAC）根据介质的物理信号要求和使用的数据链路层协议类型，提供数据链路层编址和数据分界方法。

4.4　任务实施

子任务 1　探究数据链路层数据帧结构

当 IP 数据包通过网间时，可封装在许多不同的数据链路层帧中。当数据包在路由器之间传送时，数据链路层数据帧将会解封，而数据包将封装在出站接口的数据链路层帧中。本次探究将跟踪网间的 IP 数据包，研究不同的数据链路层封装，所使用网络拓扑如图 4-11 所示。

1. 使用 PT 虚拟平台搭建网络拓扑

PC1A 和 PC1B 通过两个路由器连接到服务器。其中 R1 路由器与 R2 路由器之间的链路使用 Cisco 的私有 HDLC 协议，属于广域网协议；R2 路由器与 PC1A 和 PC1B 连接的区域属于局域网 LAN，R1 路由器与服务器连接的区域网络数据局域网 LAN。

注意：拓扑图中网络设备名称要与图示一致，其中 R1 路由器作为 DCE 控制端。

2. 配置 PC1A 和 1B 及服务器的 IP 地址信息

路由器接口 IP 地址及路由协议配置已在实验源文件中完成。这部分内容我们将在后面任务中学习，如有兴趣的可以扫码观看演示讲解视频，按照表 4-1 地址分配表信息配置 PC1A 和 1B 及服务器的 IP 地址信息。

以 1A 主机为例进行 IP 地址等信息配置，1B 与服务器配置同 1A 配置方法，如图 4-12 所示。

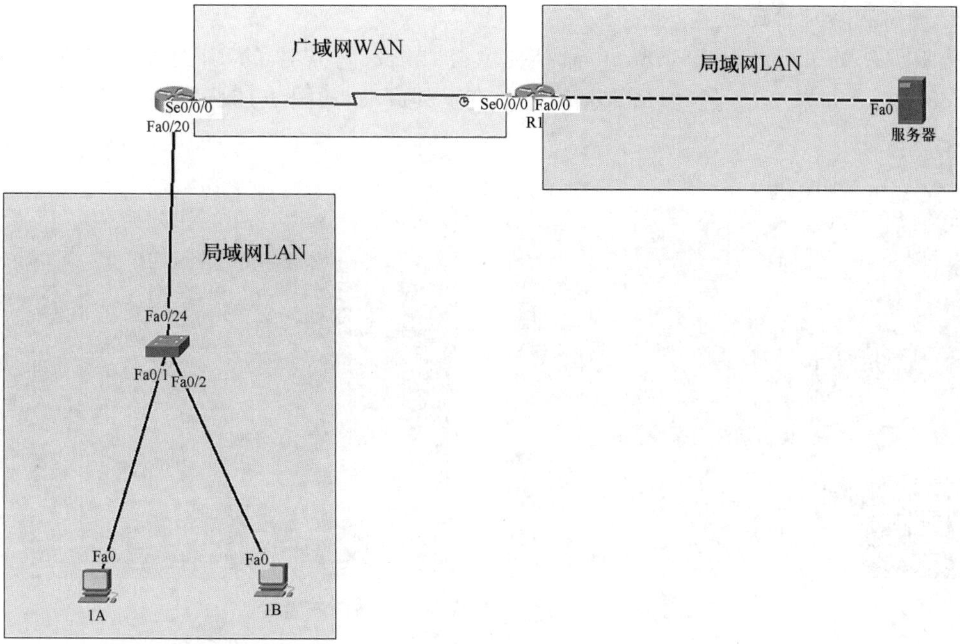

图 4-11　网络拓扑图 1

表 4-1　地址分配表

设备名称	接口名称	IP 地址	子网掩码	默认网关
R1	S0/0/0	192.168.2.2	255.255.255.0	无
	F0/0	192.168.3.254	255.255.255.0	无
R2	S0/0/0	192.168.2.1	255.255.255.0	无
	F0/0	192.168.1.254	255.255.255.0	无
1A	网卡	192.168.1.1	255.255.255.0	192.168.1.254
1B	网卡	192.168.1.2	255.255.255.0	192.168.1.254
服务器	网卡	192.168.3.1	255.255.255.0	192.168.3.254

图 4-12　1A 主机 IP 配置

3. 测试网络是否连通

从 PC1A 的 Command Prompt(命令提示符) ping 服务器 的 IP 地址。使用命令 ping 192.168.3.1。如果 ping 超时,请重复该命令直至其成功,如图 4-13 所示。

图 4-13　测试 PC1A 与服务器网络的连通性

4. 探究数据链路层帧结构

进入模拟模式,如图 4-14 所示。

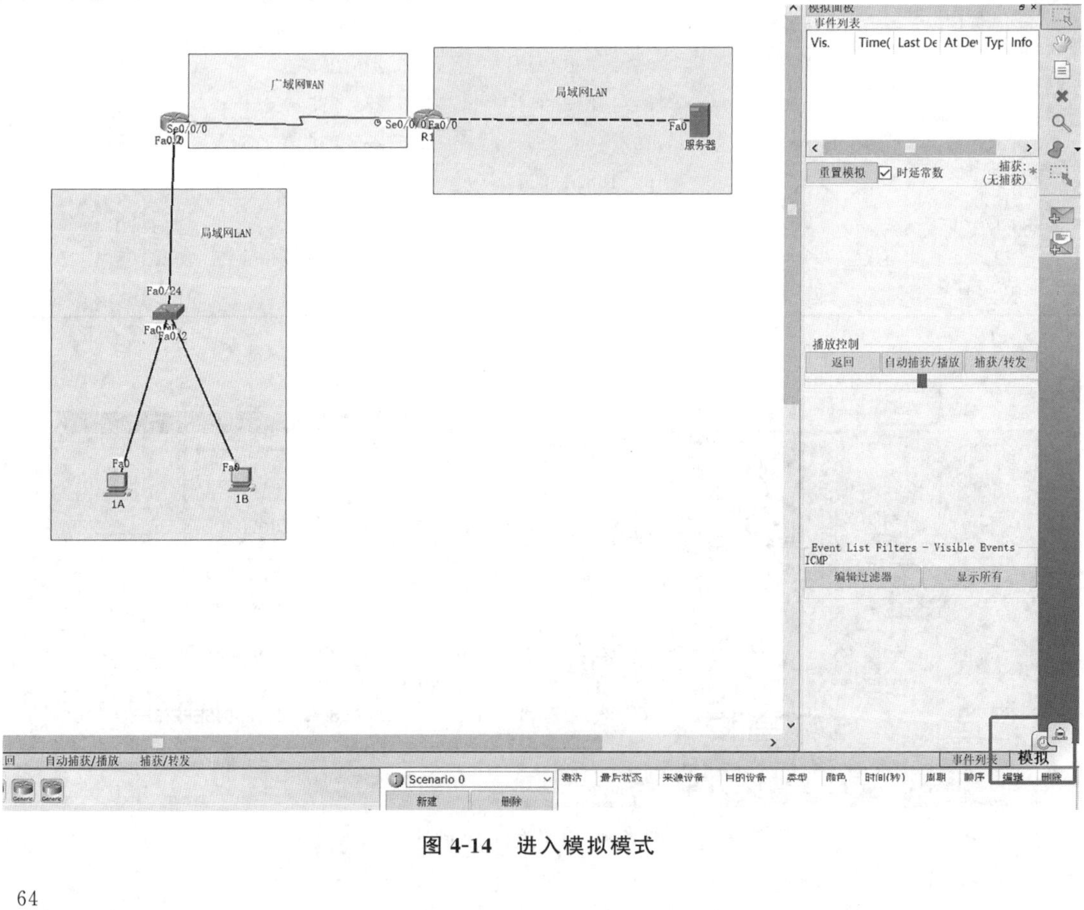

图 4-14　进入模拟模式

从 PC1A 的 Command Prompt(命令提示符) ping 服务器的 IP 地址。使用命令 ping 192.168.3.1,如图 4-15 所示。

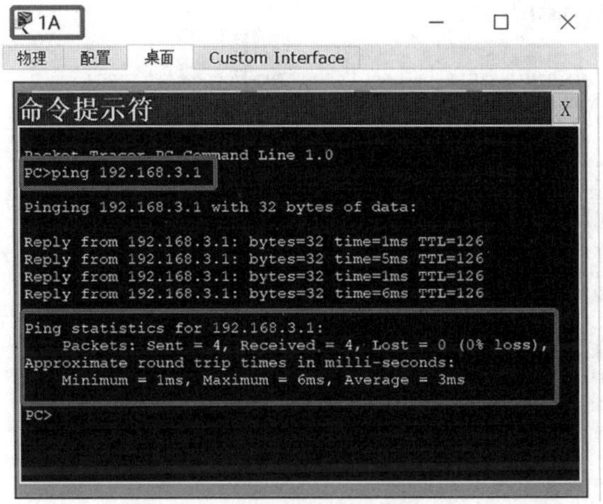

图 4-15　ping 命令测试连通性

在模拟模式中跟踪数据包的流动,利用 ICMP 测试对网络运行原理的理解。要特别注意数据包传送的每个阶段中使用什么样的数据链路层封装,以及数据链路层 PDU 中的报头如何变化。在模拟模式中单击两次"捕获/转发"按钮直到 PDU 到达路由器 R2 的 f0/0 接口,如图 4-16 所示。

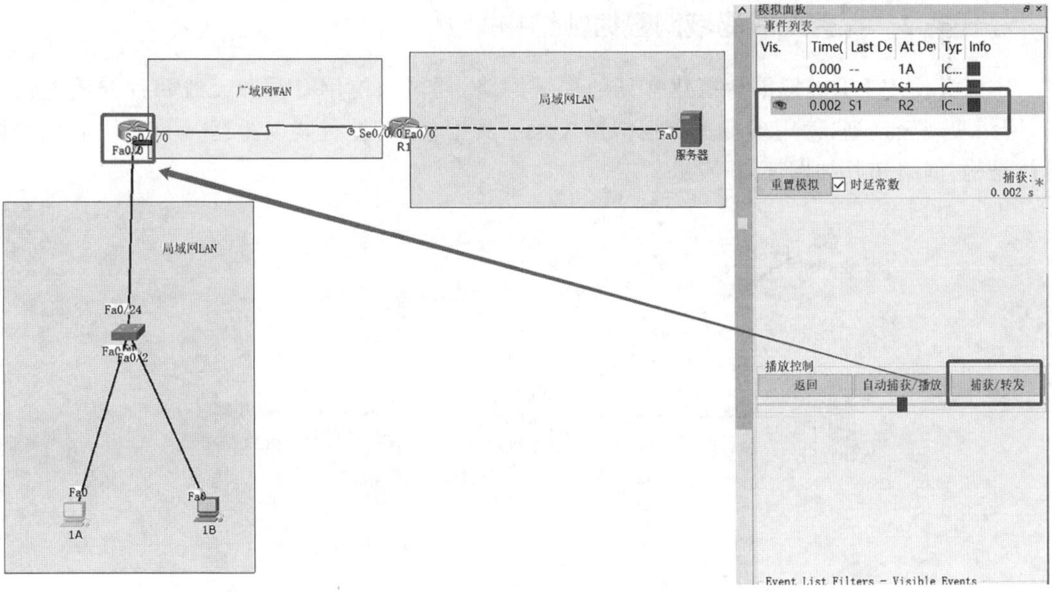

图 4-16　捕获到达路由器 R2 的 PDU 信息窗口

鼠标单击路由器 R2 上的 PDU 信息块,可以看到输入 PDU 与输出 PDU 信息中帧结构的不同,如图 4-17 所示。

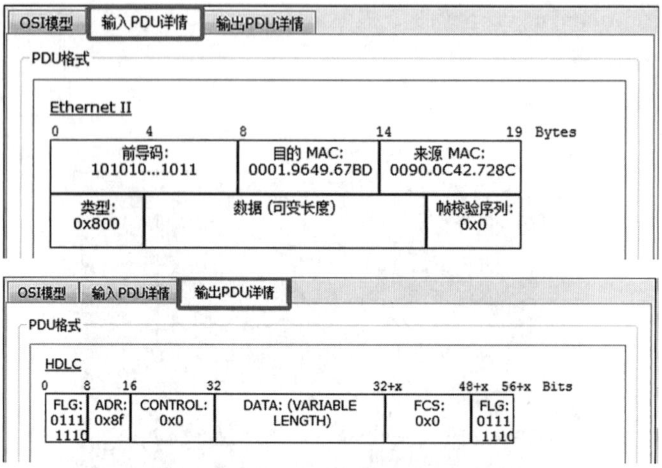

图 4-17　路由器 R2 上的 PDU 信息

探究 R2 上的 PDU，从输入 PDU 详情中看到第 2 层封装是以太网帧，因为帧来自局域网 LAN；从出站 PDU 详情中第 2 层封装是 HDLC，因为帧要发送到路由器 R1，属于广域网帧。从 HDLC 帧结构我们能知道，HDLC 帧头和帧尾都有标识位，标识位为 8 位二进制 01111110。

结论：当 IP 数据包通过网间时，可封装在许多不同的数据链路层帧中。当数据包在路由器之间传送时，数据链路层帧将会解封，而数据包将封装在出站接口的数据链路层帧中。

子任务 2　探究无线局域网数据帧结构

本任务使用 PT 虚拟平台搭建常见的局域网络，局域网使用有线和无线两种介质连接方式，网络实现全连通，使用虚拟平台模拟模式跟踪数据包，查看封装以太网帧和无线局域网帧具体结构，网络拓扑如图 4-18 所示。

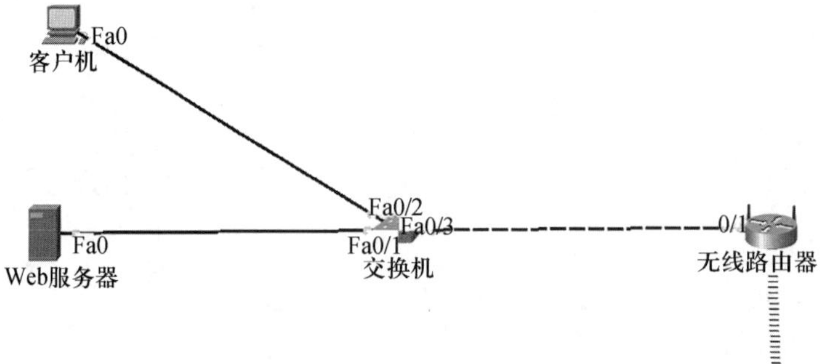

图 4-18　网络拓扑图 2

1. 使用 PT 虚拟平台搭建网络拓扑

按照实验拓扑图，在平台设备选择区分别选择一台交换机、一台无线路由器、一台服务器、一台客户机和一台笔记本电脑，并正确连接所有设备。

注意：笔记本电脑默认安装有线网卡，需要为笔记本电脑重新安装无线网卡。

2. 查看无线路由器默认配置

查看无线路由器的默认配置，记录 DHCP 可分配地址的范围和主机数量，以及无线网络 SSID 名称。

DHCP 可分配地址范围：________________

无线网络 SSID 名称：________________

3. 配置客户机和服务器的 IP 地址为自动获取

配置客户机和服务器的 IP 地址为自动获取，查看并记录获取到的 IP 地址信息。

客户机：________________

服务器：________________

4. 探究数据链路层帧结构

进入模拟模式，在客户机的命令提示符下使用 ping 命令测试 Web 服务器网络的连通性，查看数据链路层帧的具体格式并截图记录。

进入模拟模式，从笔记本电脑发送 ping 命令的测试包到客户机，查看数据链路层帧的具体格式并截图记录。

比较以太网数据帧结构与 WLAN 数据帧结构的不同。

4.5　任务小结

通过本任务的学习，学习者要掌握数据链路层的作用及不同网络中数据帧的结构，并在掌握这些知识的基础上，搭建网络环境，捕获和抓取局域网和广域网数据链路层数据帧，探究各种数据帧结构，并对数据帧头中封装的 MAC 地址构成加深理解，主要内容小结如下：

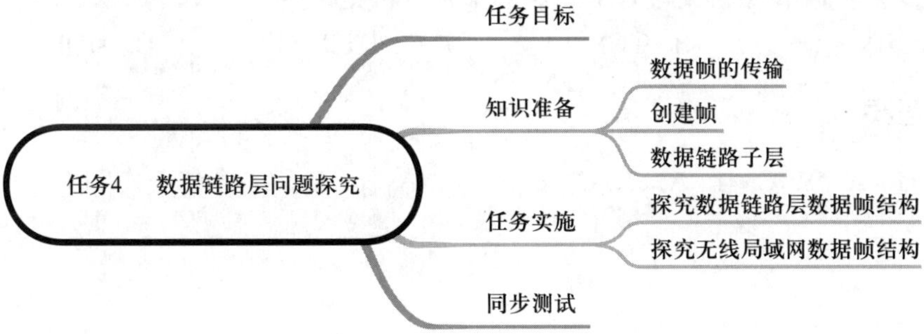

4.6　同步测试(共 10 题，每题 10 分)

1. 下列哪个 MAC 地址是正确的？(　　)

A. 00-16-5G-4A-34-2H　　B. 00-06-5B-4F-45-BA

C. 192.168.1.55　　D. 65-10-96-58-16

2. 在 OSI 参考模型的 7 层结构中，实现帧同步功能的是哪一层？(　　)

A. 数据链路层　　B. 物理层

C. 传输层　　D. 网络层

3. 两台计算机利用电话线路传输数据信号时必备的设备是什么？(　　)

A. 中继器　　B. 集线器

C. 调制解调器　　D. 网卡

4. 以下哪项被视为选择无线介质的优点？(　　)

A. 主机移动更方便　　B. 安全风险更低

C. 减少干扰的影响　　D. 环境对有效覆盖面积的影响更小

5. 以下哪一项不属于通信子网？(　　)

A. 传输介质　　B. 通信控制处理机

C. 服务器　　D. 通信设备

6. 实现数字信号和模拟信号互相转换的设备是什么？(　　)

A. 网卡　　B. 路由器

C. 调制解调器　　D. 集线器

7. 什么是添加传输数据所需的协议层特定信息或标签的过程？(　　)

A. 封装　　B. 分段　　C. 协议　　D. PDU

8. 无线网络采用的数据通信标准是什么？(　　)

A. 802.1Q　　B. 802.2　　C. 802.3　　D. 802.11

9. 【多选题】数据链路层帧包括哪些部分？(　　)

A. 数据——来自网络层的数据包

B. 帧头——包含控制信息(如编址信息)且位于 PDU 开头位置

C. 帧尾——包含添加到 PDU 结尾处的控制信息

D. 由四个二进制八位数组成

E. 端口号

10. 【多选题】哪两项协议与 OSI 模型的第 4 层相关联？(　　)

A. IP　　B. TCP　　C. FTP　　D. UDP

参考答案

1. B　2. A　3. C　4. A　5. C　6. C　7. A　8. D　9. ABC　10. BD

任务 5　路由 IP 数据包

5.1　任务引入

IP 数据包由路由器在网络之间转发，路由器将检查其 IP 路由表，查找通往目的网络的下一跳。如果路由表中有目的网络的对应条目，路由器会将数据包转发出路由表中指示的接口。如果路由表中没有目的网络的对应条目，但有默认路由，则路由器会将数据包转发出路由表中默认路由指示的接口。如果路由表中没有目的网络的对应条目，也没有默认路由，则路由器将丢弃数据包。什么是路由表？路由表如何添加？为什么不同网络之间的主机通信要设置默认网关？默认网关的地址如何确定？本任务着重介绍网络层的作用，研究它如何将网络划分为不同主机组，如何实现不同网络(图 5-1)之间的通信，下面我们通过本任务的学习来回答这些问题。

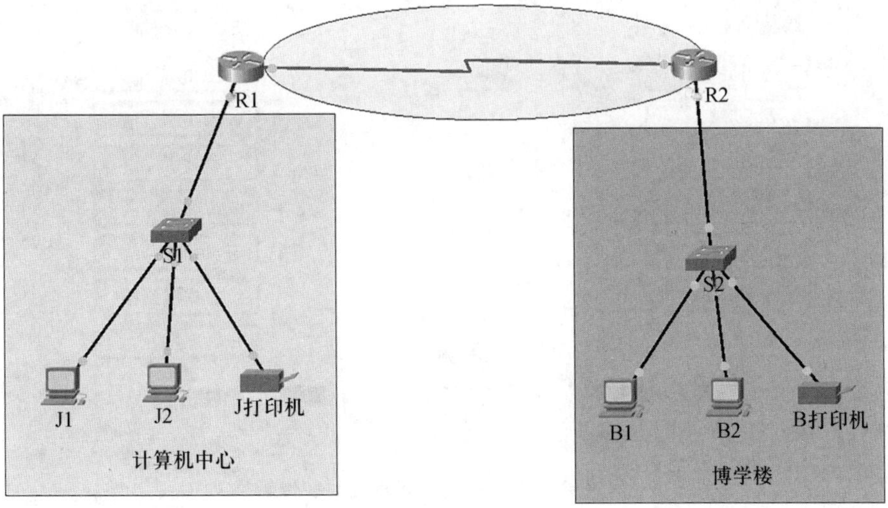

图 5-1　网络拓扑图 3

5.2　任务目标

- ✓ 了解网络层为了实现端到端传输经历的 4 个基本过程。
- ✓ 了解 IPv4 的基本特征。
- ✓ 了解封装传输层 PDU 添加的报头信息。
- ✓ 掌握默认网关的作用与设置。

✓ 掌握直连网络和远程网络的定义和区别。
✓ 掌握网络测试命令的使用。
✓ 能够使用 GUI 配置路由表。
✓ 能够使用 GUI 完成路由器接口的基本配置。
✓ 能够完成网络故障的检测和分析。
✓ 培养学生注重细节、认真严谨的学习态度。
✓ 培养学生团队协作的精神。

5.3 知识准备

5.3.1 从主机到主机的通信

网络层为了实现这种主机之间传输,使用了四个基本过程:编址、封装、路由、解封,如图 5-2 所示。

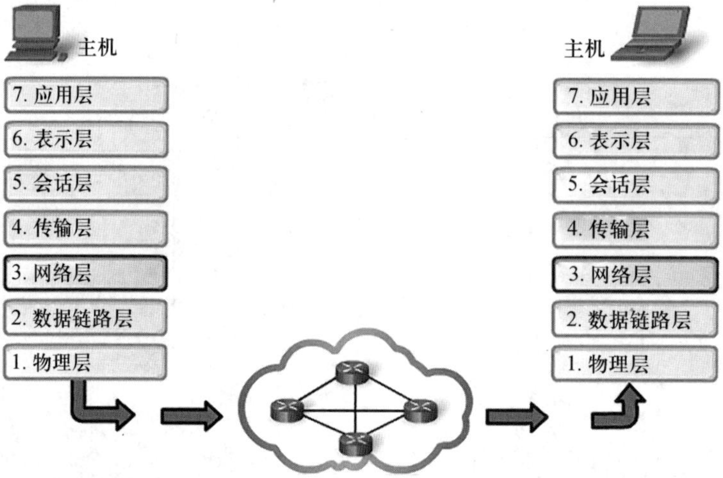

图 5-2 网络层协议在主机之间转发封装传输层 PDU

(1)编址 网络层必须为网络中的终端设备提供一种编址机制,这个地址为 IPv4 地址。

(2)封装 网络层必须提供封装。在封装过程中,网络层接收传输层的数据段,并添加网络层报头,从而创建网络层的 PDU——数据包。创建数据包时,报头中除了其他信息外,还必须包含接收数据包的目的主机地址和发送主机的来源地址。

(3)路由 网络层必须将数据包转发到其目的主机。源主机和目的主机并不一定都连接到同一网络上。连接不同网络的中间设备称为路由器。路由器的作用是为数据包选择路径并将其转发到目的主机,此过程称为路由。在通过网际网络路由的过程中,数据包可能要经过多个中间设备。数据包为了到达下一个设备而经过的每个路由称为一跳。网络层完成其封装过程后,会将数据包向下传送到数据链路层,准备通过介质传输。

(4)解封 数据包到达目的主机后在网络层得到处理。首先主机检查目的地址来确认该数据包的发送目的是否为本设备。如果地址正确，则由网络层解封该数据包，然后将数据包中包含的传输层数据段向上传送到传输层的相应服务。

5.3.2　IPv4 的基本特征

Internet 协议(IPv4 和 IPv6)是使用最为广泛的网络层数据传输协议。

IPv4 的基本特征：

1. 无连接——发送数据包前不建立连接

事先不通知收信人就邮寄信件是典型的无连接通信。如图 5-3 所示，邮政服务仍然会接收信件并将其邮递给收信人，无连接数据通信的工作原理与此相同，不通知终端主机就将 IP 数据包发送出去。

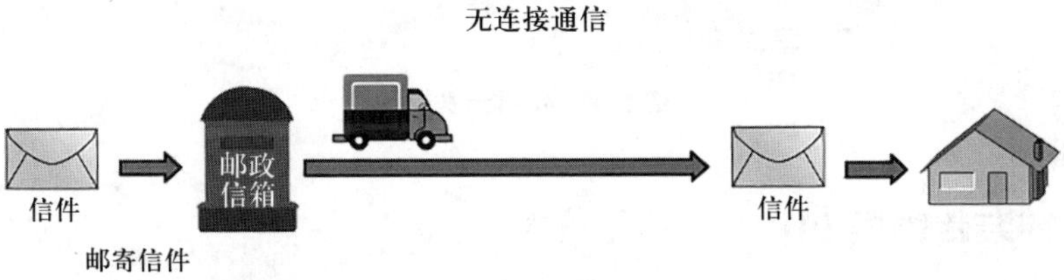

图 5-3　无连接通信

2. 尽力(不可靠)—— 不使用任何开销来保证数据包送达

IP 协议不负责为 IP 服务提供可靠性。与可靠的协议相比，IP 报头较小。传输此类较小报头所需的开销也较低。开销较低意味着传输过程中的延迟更短。这正是网络层协议所需的特征。网络层的任务就是在主机之间传输数据包时尽可能降低对网络造成的负担，并不关心或者根本不知道数据包内部所包含的通信类型。此职责由上层按照需要承担。上层可以决定服务之间的通信是否需要可靠性以及此通信是否可以承受可靠性所需的开销。IP 通常被称为不可靠的协议。就此意义而言，不可靠并不是指 IP 有时工作正常而有时无法正常发挥作用，不可靠仅仅表示 IP 不具备管理和恢复未送达数据包或已损坏数据包的功能。IP 数据包的报头不包含实现可靠数据传输所需的字段。由于不存在数据包送达的确认，对数据不实施差错控制，也没有任何形式的数据包跟踪，因此也就不可能发生数据包重传，如图 5-4 所示。

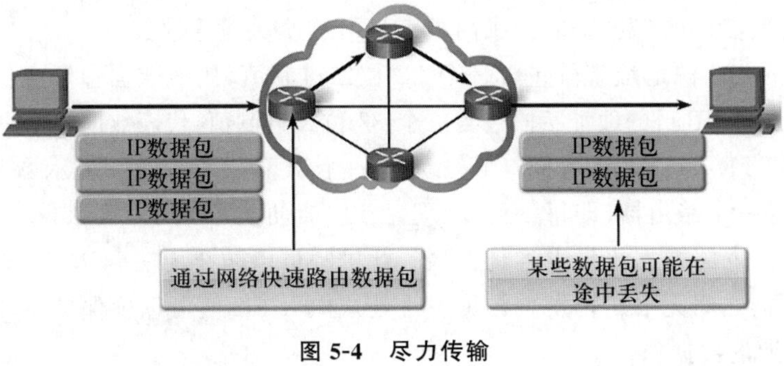

图 5-4　尽力传输

3. 介质无关性——其运作与传送数据的介质无关

网络层也不受用于传输数据包的介质的特征限制。IPv4 和 IPv6 的运作与在协议栈下层传送数据的介质无关。如图 5-5 所示，任何一个 IP 数据包既可以通过电缆以电力传送，也可以作为光信号通过光纤传送或作为无线电信号无线传送。

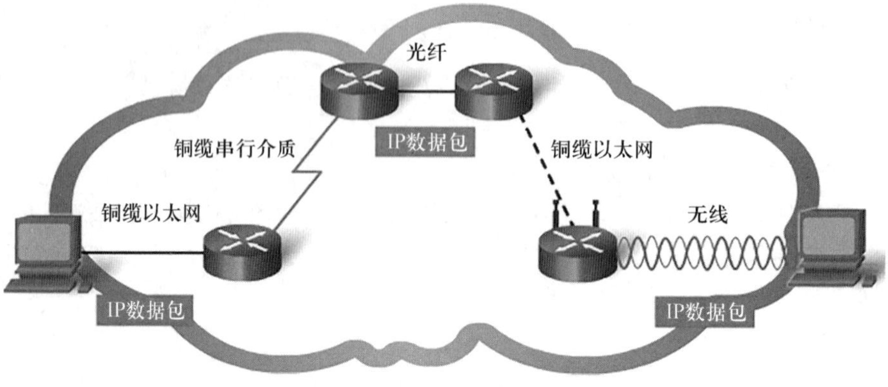

图 5-5　介质无关性

5.3.3　封装传输层 PDU

IPv4 封装传输层数据段或数据报，以便网络将其传送到目的主机，从数据包离开发送主机的网络层直至其到达目的主机的网络层，IPv4 封装始终保持不变。路由器可以实施这些不同的网络层协议，使其通过相同或不同主机之间的网络同时运行。这些中间设备所执行的路由只考虑封装数据段的数据包报头的内容，在任何情况下，数据包的数据部分，即封装的传输层 PDU，在网络层的各个过程中都将保持不变，IP 数据包结构如图 5-6 所示。

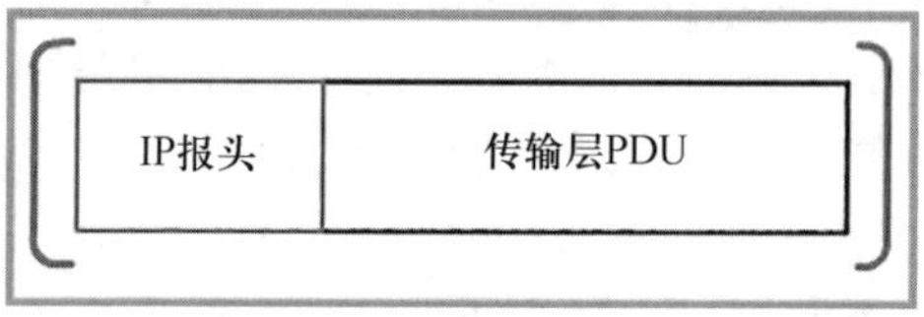

图 5-6　IP 数据包结构

IPv4 协议定义了数据包报头中的许多不同字段。这些字段中包含了 IPv4 服务在通过网络转发数据包时要参照的二进制值。我们重点学习 3 个关键字段：

IP 源地址——IP 源地址字段包含一个 32 位二进制值，代表数据包源主机的 IP 地址。

IP 目的地址——IP 目的地址字段包含一个 32 位二进制值，代表数据包目的主机的 IP 地址。

生存时间（TTL）——生存时间（TTL）是一个 8 位二进制值，表示数据包的剩余“寿命”。数据包每经一个路由器(即每一跳)处理，TTL 值便至少减 1。当该值变为 0 时，路由器会丢弃数据包并从网络数据流量中将其删除。此机制可以防止无法到达其目的地的数据在路由环路中的路由器之间无限期转发。在每一跳处减少 TTL 值可以确保该值最终变为 0，并丢弃 TTL 字段过期的数据包。

5.3.4　网络的出口——默认网关

在一个网络内部，主机之间的相互通信无需任何网络层中间设备。但当主机需要与其他网络通信时，则需要中间设备(即路由器)来充当通往其他网络的网关。一台特定主机不可能知道 Internet 上它必须与之通信的每台设备的地址。为了与其他网络中的设备通信，主机使用中间设备网关的地址(即默认网关)将数据包转发到本地网络外。作为主机配置的一部分，每台主机都有指定的默认网关，此网关地址为连接到该主机所在网络的路由器接口的地址，如图 5-7 所示。

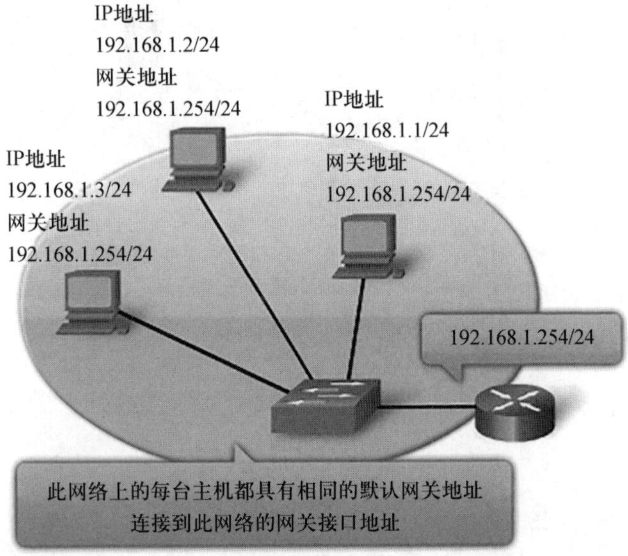

图 5-7 默认网关

5.3.5 路由表

路由表存储了直连网络和远程网络的信息。直连网络直接连接到路由器接口，这些接口的 IP 地址将成为本地网络中主机的默认网关。远程网络是不直接与路由器接口连接的网络。通往远程网络的路由信息可由网络管理员在路由器上手动配置，也可使用动态路由协议自动获取。

在数据包转发过程中，路由器将数据包报头中的目的地址与路由表中某个路由的目的网络比对是否匹配，如果代表目的网络的路由不在路由表中，该数据包将会被丢弃(即不转发)。匹配的路由可能是直连网络或远程网络，路由器也可使用默认路由来转发数据包，当路由表中的所有其他路由都不代表目的网络时，就会使用默认路由。然后将数据包转发到该路由指定的下一跳路由器。如果有两个或多个路由均可到达同一个目的网络，则使用度量来决定应在路由表中显示的路由。

5.4 任务实施

子任务1 路由 IP 数据包

本任务使用 PC、服务器、路由器和交换机创建。任务设置的难度是一个由易到难的过程，在前面任务学习中已经接触了各种应用协议，例如 DNS、HTTP、DHCP 等，以及两个传输层协议：TCP 和 UDP，无论涉及的是哪种应用协议和传输协议，在入站 PDU 详细数据和出站 PDU 详细数据视图中，它们都始终封装在 IP 数据包中。本任务将使用 GUI 配置路由器界面分析路由表，使用 GUI 配置静态路由分析 IP 数据包的路由。所使用网络拓扑如图 5-8 所示，任务地址表见表 5-1。

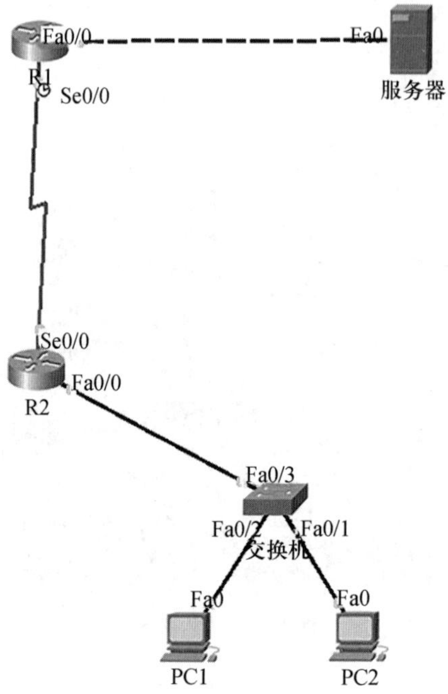

图 5-8　网络拓扑图 4

表 5-1　任务地址表 1

设备名称	接口	IP 地址	子网掩码	默认网关
R1	F0/0	192.168.3.254	255.255.255.0	无
	S0/0	192.168.2.1	255.255.255.0	无
R2	F0/0	192.168.1.254	255.255.255.0	无
	S0/0	192.168.2.2	255.255.255.0	无
服务器	网卡	192.168.3.1	255.255.255.0	?
PC1	网卡	192.168.1.1	255.255.255.0	?
PC2	网卡	192.168.1.2	255.255.255.0	?

1. 使用 GUI 配置路由器

因还没有开展网络设备配置课程学习，我们采用 PT 平台的 GUI 方式配置路由器，如图 5-9 所示。

2. 配置 PC 机和服务器 IP 地址

按照地址表中信息，配置 PC1、PC2 和服务器 IP 地址等信息。为了验证默认网关的作用，在此我们先不配置默认网关的信息，具体配置如图 5-10 所示。

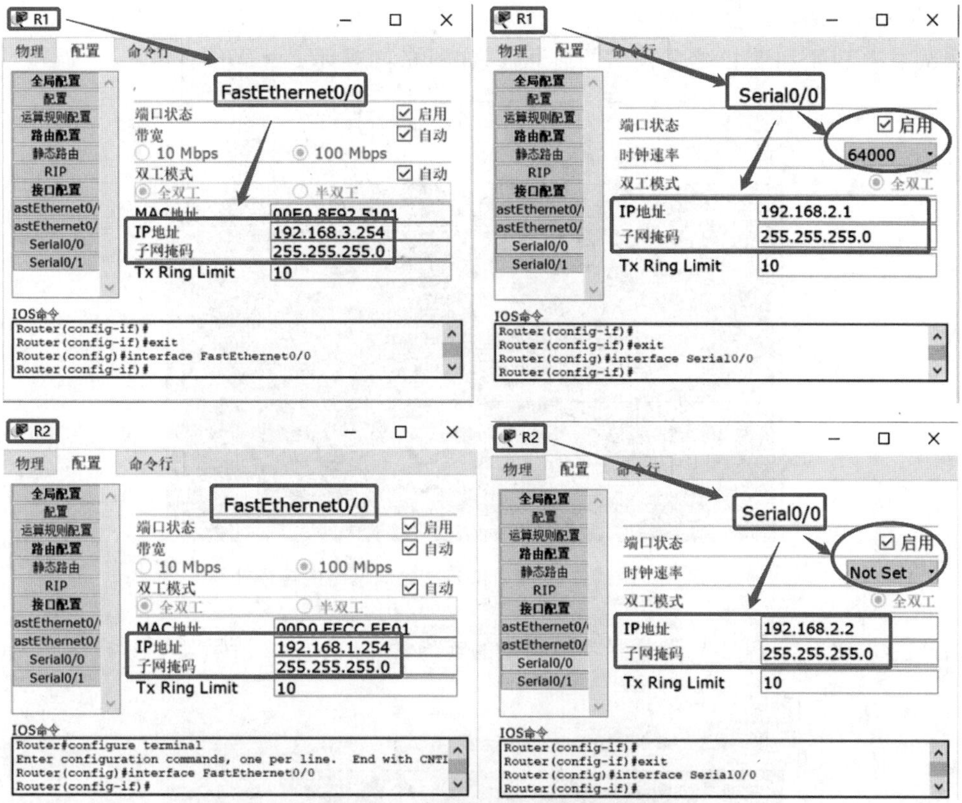

图 5-9　使用 GUI 配置路由器

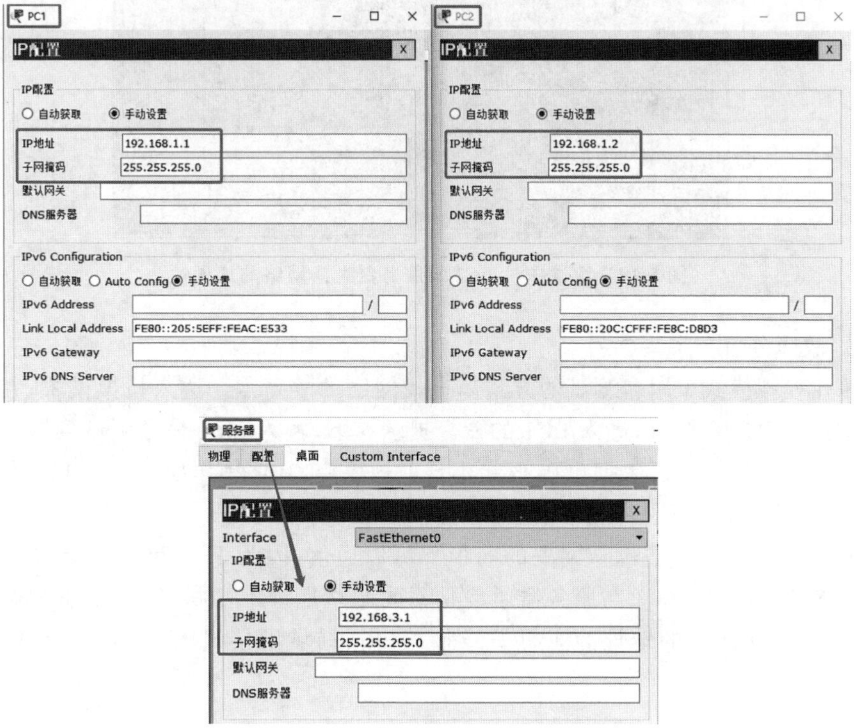

图 5-10　PC 机和服务器 IP 地址配置

3. 测试网络的连通性

测试主机 PC1 和 PC2 之间网络的连通性，如图 5-11 所示。

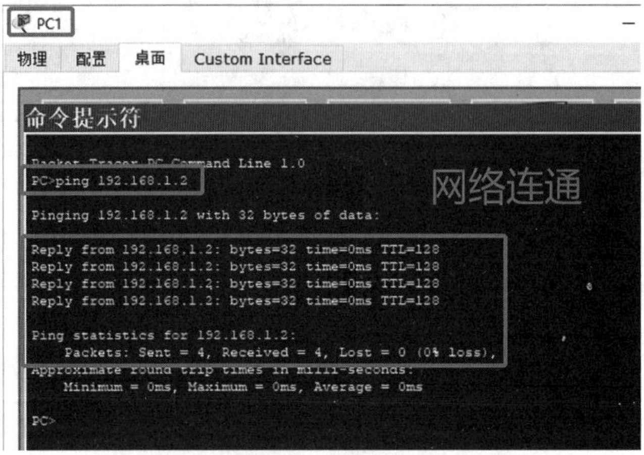
PC1
物理
配置
桌面
Custom Interface
命令提示符
PC>ping 192.168.1.2
网络连通
Pinging 192.168.1.2 with 32 bytes of data:
Reply from 192.168.1.2: bytes=32 time=0ms TTL=128
Reply from 192.168.1.2: bytes=32 time=0ms TTL=128
Reply from 192.168.1.2: bytes=32 time=0ms TTL=128
Reply from 192.168.1.2: bytes=32 time=0ms TTL=128
Ping statistics for 192.168.1.2:
Packets: Sent = 4, Received = 4, Lost = 0 (0% loss),
Minimum = 0ms, Maximum = 0ms, Average = 0ms
PC>

图 5-11　测试主机 PC1 和 PC2 之间网络的连通性

测试主机 PC1 或 PC2 与服务器之间网络的连通性，如图 5-12 所示。

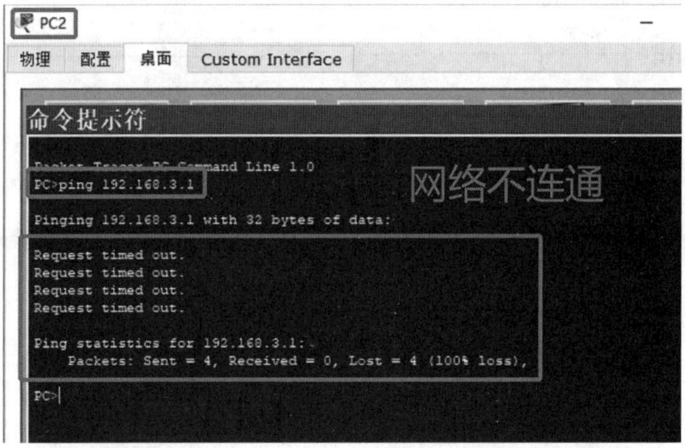
PC2
物理
配置
桌面
Custom Interface
命令提示符
PC>ping 192.168.3.1
网络不连通
Pinging 192.168.3.1 with 32 bytes of data:
Request timed out.
Request timed out.
Request timed out.
Request timed out.
Ping statistics for 192.168.3.1:
Packets: Sent = 4, Received = 0, Lost = 4 (100% loss),
PC>

图 5-12　测试主机 PC2 与服务器之间网络的连通性

4. 网络故障分析与解决(一)

我们采用模拟模式下跟包测试的方式来查找网络的故障点。进入模拟模式，在编辑过滤器的选项中选择 ICMP 协议，进入 PC1 的命令提示符下，输入 ping 命令测试到服务器网络的连通，从测试的结果中发现，数据包在 PC1 本地就被丢弃，具体操作如图 5-13 所示。

分析问题：不同网络下主机通信需要配置默认网关。

PC1 和 PC2 在没有配置默认网关的前提下可以通信，因为 PC1 和 PC2 是在同一个网络地址 192.168.1.0 下，而 PC1 与服务器通信是不同网络地址下主机通信，主机和服务器需要配置默认网关，默认网关的地址为主机所连接路由器局域网接口的 IP 地址，具体配置如图 5-14 所示。

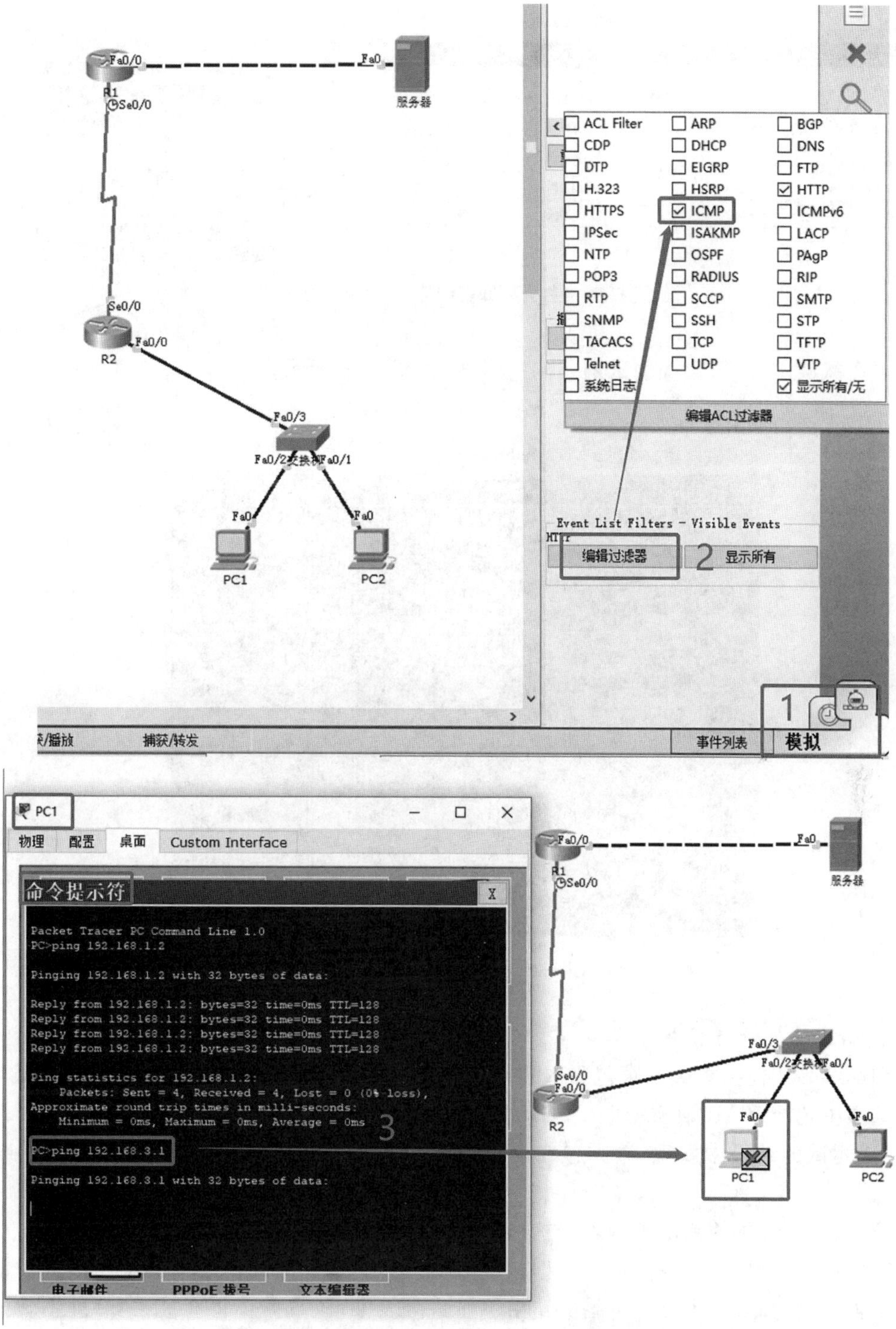

图 5-13　模拟模式下进行故障分析(一)

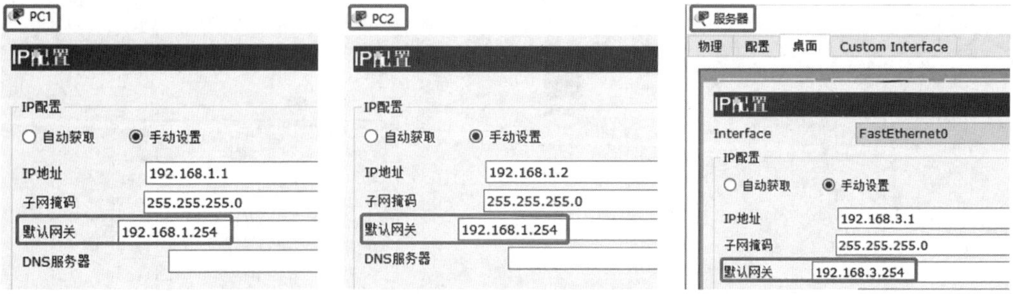

图 5-14　主机和服务器默认网关的配置

配置完默认网关后，再次测试网络的连通性，如图 5-15 所示。

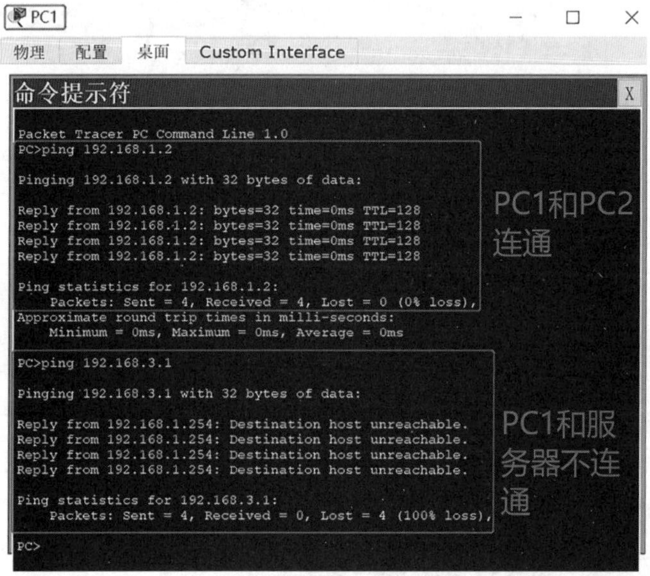

图 5-15　测试网络连通性

5. 网络故障分析与解决(二)

我们继续采用模拟模式下跟包测试的方式来查找网络的故障点，进入模拟模式，在编辑过滤器的选项中选择 ICMP 协议，进入 PC1 的命令提示符下，输入 ping 命令测试到服务器网络的连通，从测试的结果中发现，数据包在路由器 R2 的 F0/0 接口被丢弃，具体操作如图 5-16 所示。

分析问题：路由器的路由表中，要包含直连网络和远程网络的信息。

在数据包转发过程中，路由器将数据包报头中的目的地址与路由表中某个路由的目的网络比对是否匹配，如果代表目的网络的路由不在路由表中，该数据包将会被丢弃(即不转发)。匹配的路由可能是直连网络或远程网络，路由器也可使用默认路由来转发数据包，当路由表中的所有其他路由都不代表目的网络时，就会使用默认路由。查看 R1 和 R2 路由表信息，分析问题找出故障点，首先单击窗口右侧放大镜图标的查看工具，然后在工作区路由器图标上单击鼠标，出现选项后选择路由表，如图 5-17 所示。

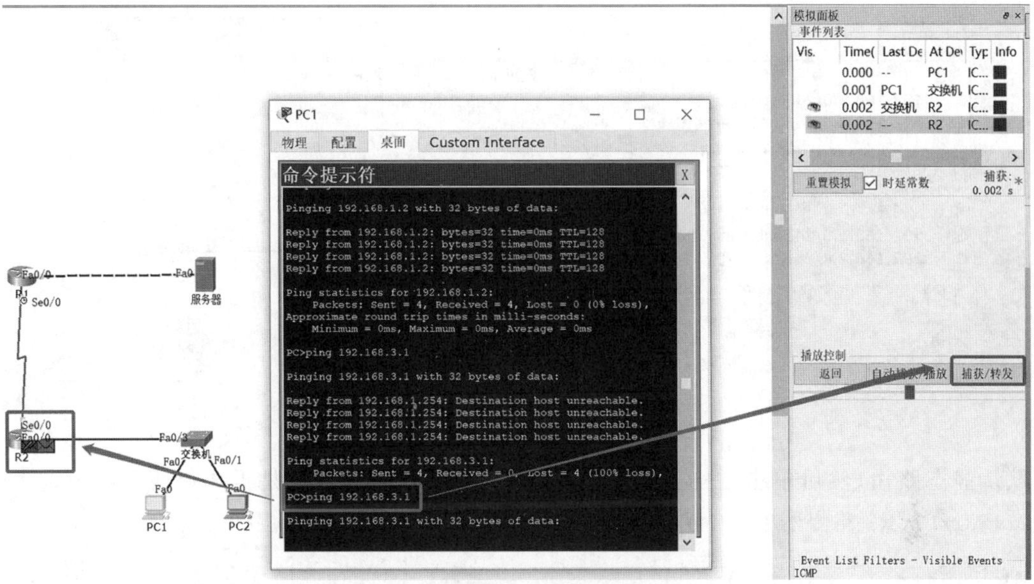

图 5-16　模拟模式下进行故障分析(二)

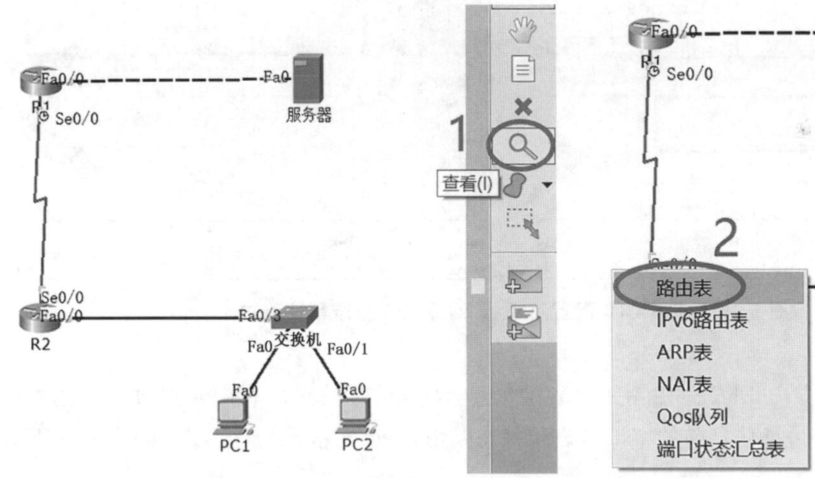

图 5-17　查看 R1 和 R2 路由器的路由表

分析查看到路由表信息，发现 R1 和 R2 的路由表里只有直连网络的地址信息，而要实现全网通信，每台路由器的路由表里还需要有远程网络地址信息，分析网络拓扑网络连接，对于 R1 路由器，直接相连的网络地址为：F0/0 接口连接的 192.168.3.0 和 S0/0 接口连接的 92.168.2.0，缺少远程网络 192.168.1.0 网络。对于 R2 路由器，直接相连的网络地址为：F0/0 接口连接的 192.168.1.0 和 S0/0 接口连接的 92.168.2.0，缺少远程网络 192.168.3.0 网络，如图 5-18 所示。

6. 使用 GUI 配置静态路由

单击路由器 R2，然后打开配置选项卡。在显示的列表中找到静态路由，使用地址 0.0.0.0、掩码 0.0.0.0 和下一跳地址 192.168.2.1(R1 路由器上的 S0/0 接口的 IP 地址)配

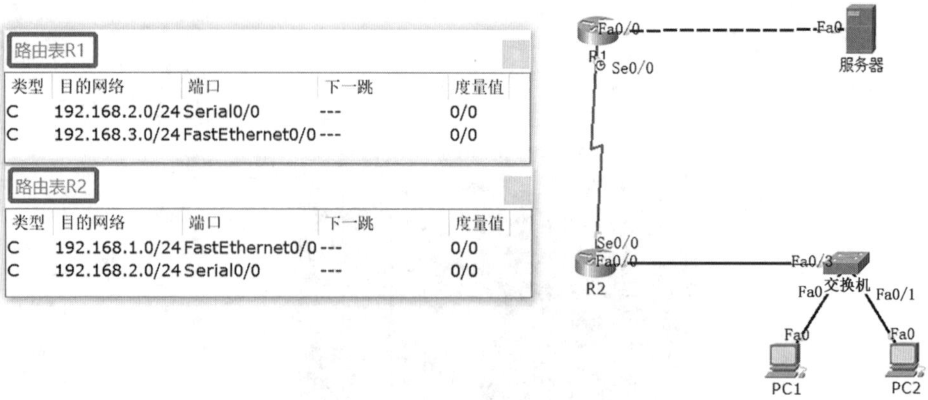

图 5-18 分析 R1 和 R2 路由表中信息

置默认静态路由，然后单击增加按钮，路由器 R1 的操作同 R2，只是需要修改下一跳地址为 192.168.2.2(R2 路由器上的 S0/0 接口的 IP 地址)，具体操作如图 5-19 所示。

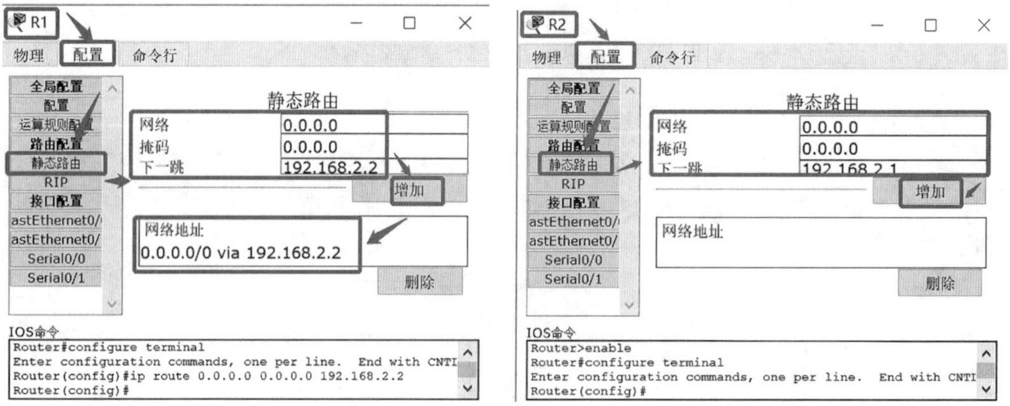

图 5-19 使用 GUI 配置路由器 R1 和 R2 静态默认路由

配置完成后查看 R1 和 R2 路由器路由表的信息，R1 和 R2 的路由表中分别增加了远程网络地址的信息，目的网络地址信息前的字母 S 表示静态路由，字母 C 表示直连网络，如图 5-20 所示。

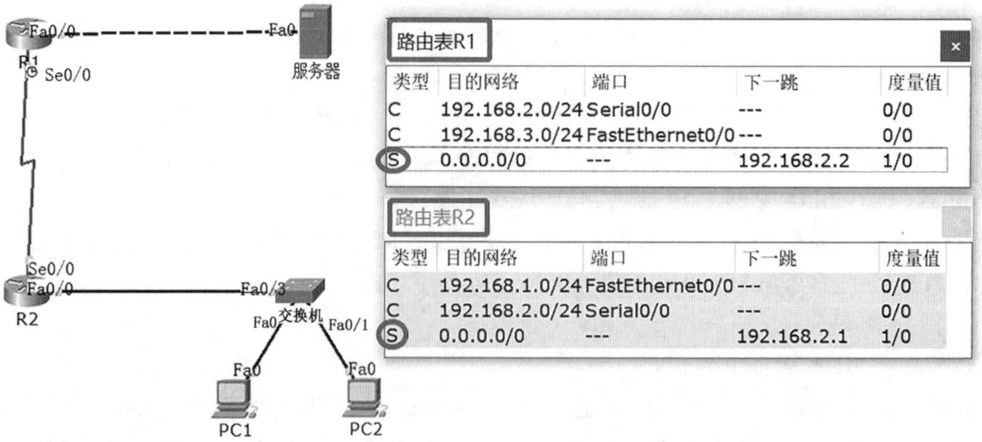

图 5-20 再次查看路由器 R1 和 R2 的路由表信息

7. 再次测试网络的连通性

测试主机 PC1 和 PC2 网络的连通性，测试主机 PC1 或 PC2 与服务器网络的连通性，如图 5-21 所示。

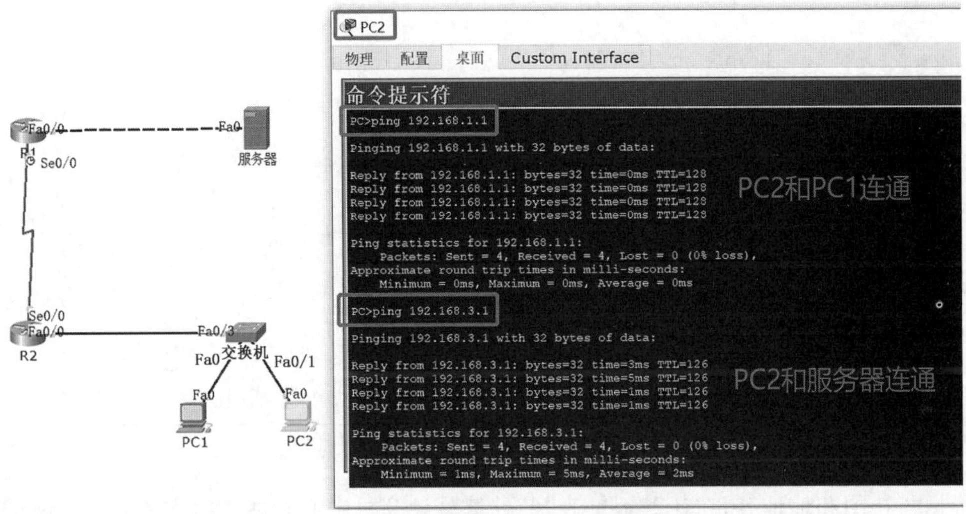

图 5-21　再次测试网络的连通性

子任务 2　使用路由器实现不同网络地址通信

本任务将使用校园网拓扑，通过 GUI 配置路由器界面，分析路由表，使用 GUI 配置静态路由，分析 IP 数据包的路由，研究路由器实现不同网络地址通信，所使用网络拓扑如图 5-22 所示，任务地址表见表 5-2。

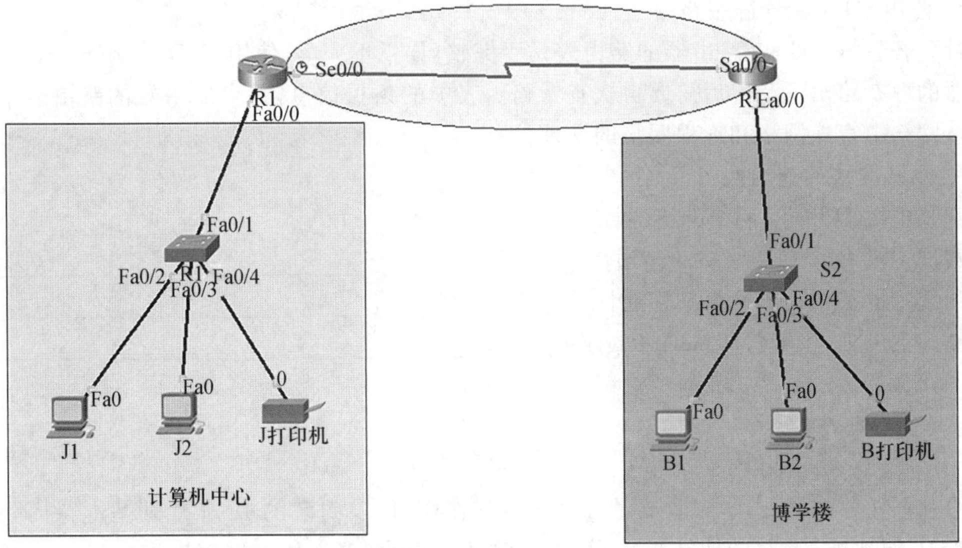

图 5-22　网络拓扑图 5

表 5-2　任务地址表 2

设备名称	接口	IP 地址	子网掩码	默认网关
R1	F0/0	172.16.255.254	255.255.0.0	无
	S0/0	172.17.0.1	255.255.0.0	无
R2	F0/0	172.18.255.254	255.255.0.0	无
	S0/0	172.17.0.2	255.255.0.0	无
J1	网卡	172.16.0.1	255.255.0.0	?
J2	网卡	172.16.0.2	255.255.0.0	?
J 打印机	网卡	172.16.0.3	255.255.0.0	?
B1	网卡	172.18.0.1	255.255.0.0	?
B2	网卡	172.18.0.2	255.255.0.0	?
B 打印机	网卡	172.18.0.3	255.255.0.0	?

1. 确定默认网关地址

根据拓扑图和地址表，在任务地址表“?”处填写计算机中心和博学楼主机及打印机的默认网关地址。

2. 配置 PC 机和打印机 IP 地址、子网掩码及默认网关

按照地址表中信息，正确配置计算机中心和博学楼主机及打印机的 IP 地址、子网掩码及默认网关信息。

3. 使用 GUI 配置路由器

按照地址表中信息，使用 GUI 正确配置路由器接口的 IP 地址，端口状态，DCE 端还要设置时钟频率为 64 000。

4. 使用 GUI 配置静态路由

首先查看 R1 和 R2 路由器的路由表是否完整，如果不完整，使用 GUI 分别配置 R1 和 R2 路由器的静态路由。配置后需要再次查看路由表中的条目信息，每台路由器的路由表中应该具有全网络中直连网络和远程网络的地址信息。

5. 测试网络的连通性

测试主机 J1 和 J2 网络的连通性________________________________；

测试主机 B1 和 B2 网络的连通性________________________________；

测试主机 J1 和 B1 网络的连通性________________________________；

测试主机 J2 和 B 打印机网络的连通性____________________________。

5.5　任务小结

通过本任务的学习，学习者要掌握网络层的作用，以及封装的 IPv4 地址基本特征和数据包报头 IP 源地址、IP 目的地址和 TTL 生存时间的作用，并在任务实施中加深对默认网关概念的理解和正确使用，路由表信息的查看、分析和使用 GUI 配置路由表信息，主要内容小结如下：

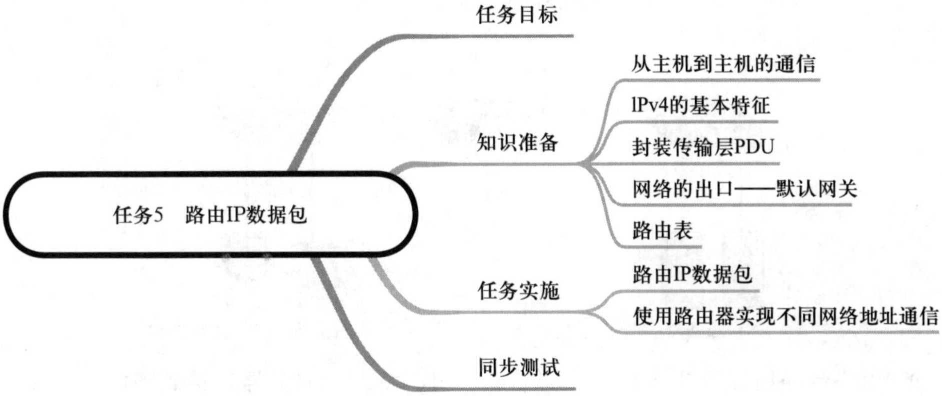

5.6　同步测试(共 10 题,每题 10 分)

1. 在 IPv4 环境中,路由器根据什么信息在不同的路由器接口之间转发数据包?(　　)
   A. 目的网络地址　　B. 源网络地址
   C. 源 MAC 地址　　D. 公认端口目的地址
2. OSI 第 3 层封装期间添加什么信息?(　　)
   A. 源 MAC 地址和目的 MAC 地址
   B. 源应用程序协议和目的应用程序协议
   C. 源端口号和目的端口号
   D. 源 IP 地址和目的 IP 地址
3. IP 数据包的哪个字段用于防止无限循环?(　　)
   A. 服务类型　　B. 生存时间　　C. 标识　　D. 标志
4. 路由器使用网络层地址的哪个部分转发数据包?(　　)
   A. 主机部分　　B. 网络部分　　C. 广播地址　　D. 网关地址
5. 如果主机上的默认网关配置不正确,对通信有何影响?(　　)
   A. 该主机无法在本地网络上通信
   B. 该主机可以与本地网络中的其他主机通信,但不能与远程网络上的主机通信
   C. 该主机可以与远程网络中的其他主机通信,但不能与本地网络中的主机通信
   D. 对通信没有影响
6. 默认网关有何作用?(　　)
   A. 标识计算机所连接的网络
   B. 用于物理连接计算机和网络
   C. 允许本地网络计算机和其他网络中的设备通信的设备标识
   D. 标识网络计算机的逻辑地址,并且是网络中的唯一标识
7. 下列哪个中间设备可用于在网络之间实施安全保护?(　　)
   A. 路由器　　B. 交换机　　C. 集线器　　D. 接入点

8. 如下图所示，网络管理员发现网络中存在过多广播。网络管理员采取什么步骤可以解决？（　　）

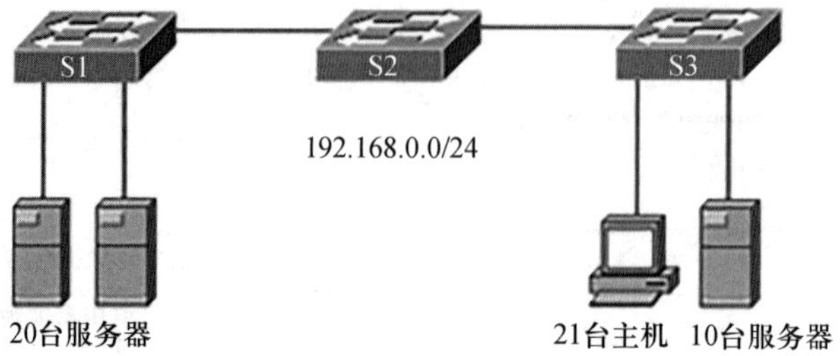

A. 用一台路由器更换 S2　　B. 将所有服务器连接到 S1
C. 禁用 TCP/IP 广播　　D. 禁用交换机上未使用的所有接口

9. 网络层的互联设备是下面哪种设备？（　　）
A. 交换机　　B. 网关　　C. 路由器　　D. 集线器

10. 数据链路层帧尾有何作用？（　　）
A. 定义逻辑拓扑　　B. 提供介质访问控制
C. 支持帧错误检测　　D. 传送帧的路由信息

参考答案

1. A　2. D　3. B　4. B　5. B　6. C　7. A　8. A　9. C　10. C

任务6　网络编址-IPv4

6.1　任务引入

编址是网络层协议的关键功能，可使位于同一网络或不同网络中的主机之间实现数据通信。Internet 协议第四版（IPv4）为传送数据的数据包提供分层编址。设计、实施和管理有效的 IPv4 编址规划能确保网络高效率地有效运行。本任务将详细分析 IPv4 地址的结构及如何根据网络实际需求计算和设计 IPv4 地址，并将计算后的 IPv4 地址在实际网络中配置和网络连通性测试，以及如何发现和解决网络配置中出现的故障，下面我们通过本任务(任务拓扑见图 6-1)的学习来回答这些问题吧！

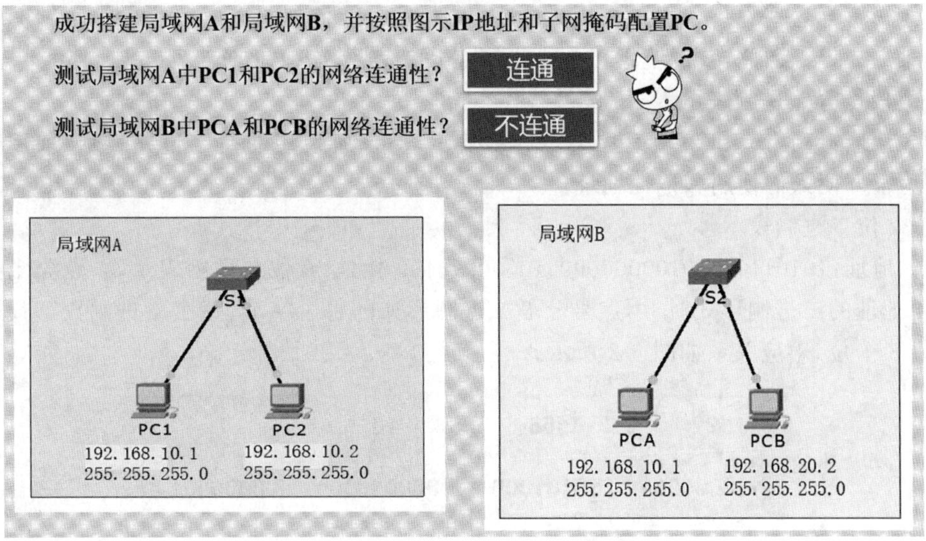

图 6-1　任务拓扑图 1

6.2　任务目标

- ✓ 了解 IPv4 地址的构成。
- ✓ 了解常见进制的定义和表示。
- ✓ 了解 IPv4 地址的表示方法及转换。
- ✓ 掌握各种进制之间的转换计算。

✓ 掌握 IPv4 地址的分类及每类的特点。
✓ 能够完成子网掩码表示方式的转换计算。
✓ 能够使用测试命令测试网络连通性。
✓ 能够根据需求完成网络 IPv4 地址的设计与计算。
✓ 培养学生注重细节、认真严谨的学习态度。
✓ 培养学生团队协作的精神。

6.3 知识准备

6.3.1 剖析 IPv4 地址

网络中的每台设备都必须具有唯一定义。在网络层,需要使用通信两端系统的源地址和目的地址来标识该通信的数据包。采用 IPv4 就意味着每个数据包的第 3 层报头中都有一个 32 位源地址和一个 32 位目的地址。数据网络中以二进制形式使用这些地址。设备内部则运用数字逻辑解释这些地址。但是在以人为本的网络中,我们却难以解读 32 位字符串,要记住它更是难上加难。因此,我们使用点分十进制格式来表示 IPv4 地址。

1. 4 段点分十进制表示

例如地址:172.16.4.20 就是点分十进制表示,但设备使用的是二进制表示,采用点分十进制是为了方便人们使用和记忆地址。

2. 32 位二进制表示

例如地址:101011000001000000000010000010100 就是 32 位二进制表示,以点分十进制表示 IPv4 地址的二进制形式时,用点号分隔二进制形式的每个字节,每个十进制数字代表一个字节,即 8 个位,对应关系如图 6-2 所示。

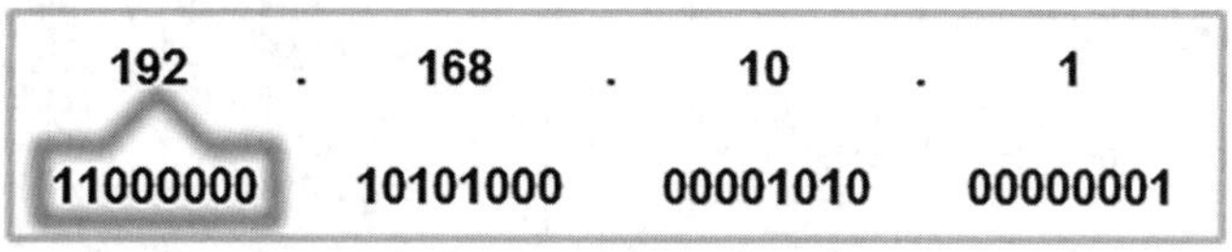

图 6-2 IP 地址两种表示对应关系

6.3.2 进制基础

1. 进制

进制即进位计数制,就是逢几进一,我们说的 n 进制就是指逢 n 进一。计算机只识别二进制,人类最习惯使用十进制,为了实际需要,我们又建立了八进制和十六进制。要掌握二进制与十进制之间的转换,首先必须了解基数的概念。数制也称为"计数制",是用一组固定的符号和统一的规则来表示数值的方法。任何一个数制都包含两个基本要素:基数和位权。基数是指数制所使用数码的个数。例如,二进制的基数为 2;十进制的基数为 10,八进制的基数为 8,十六进制的基数为 16。位权是指数制中某一位上的数所表示数值的大小。例如,十进制的

123,1 的位权是 10^2,2 的位权是 10^1,3 的位权是 10^0。二进制中的 1011 (一般从左向右开始),第一个 1 的位权是 2^3,0 的位权是 2^2,第二个 1 的位权是 2^1,第三个 1 的位权是 2^0,表 6-1 显示了各种常用的进制及其表示方法。

表 6-1 常用进制及表示

进位计数制	基数	数 码	权重	符号
二进制数	2	0,1	2^i	B
八进制数	8	0,1,2,3,4,5,6,7	8^i	O
十进制数	10	0,1,2,3,4,5,6,7,8,9	10^i	D
十六进制数	16	0,1,2,3,4,5,6,7,8,9,A,B,C,D,E,F	16^i	H

在基数为 10 的数制系统中,权重是 10^i,在二进制中,使用基数 2,权重是 2^i。具体来说,数字代表的值等于该数字乘以它所在位的权重得到的积,把一个 r 进制的数转换成十进制的数用下面的公式表示,其中 r 代表基数。

$$(an\cdots a1)r = an * r^{n-1} + \cdots + an\text{-}2 * r^{n-3} + \cdots + a1 * r^0$$

以十进制数 172 为例,1 表示的值是 1×10^2,1 位于我们通常称为百位的位置,7 表示 7×10^1,2 表示 2×10^0。所以在十进制数制系统中,使用计数法,172 表示:

$$172 = (1\times10^2)+(7\times10^1)+(2\times10^0)$$

总结:

基数:进位计数制所使用的数码个数。

十进制:(D) 有 10 个基数:0~9, 逢十进一

二进制:(B) 有 2 个基数:0~1, 逢二进一

八进制:(O) 有 8 个基数:0~7, 逢八进一

十六进制:(H) 有 16 个基数:0~9,A,B,C,D,E,F 逢十六进一

2. 进制的表示方法

(1)用数字下角标表示。

例如:$(10)_{10}$ $(10)_2$ $(10)_{16}$

十进制 二进制 十六进制

(2)用特定的字母下角标表示。

例如$(10)_D$ $(10)_B$ $(10)_H$

十进制 二进制 十六进制

十进制、二进制、八进制、十六进制之间对应关系见表 6-2。

表 6-2 进制对应关系表

十进制	二进制	八进制	十六进制
0	0	0	0
1	1	1	1
2	10	2	2
3	11	3	3

续表 6-2

十进制	二进制	八进制	十六进制
4	100	4	4
5	101	5	5
6	110	6	6
7	111	7	7
8	1000	10	8
9	1001	11	9
10	1010	12	A
11	1011	13	B
12	1100	14	C
13	1101	15	D
14	1110	16	E
15	1111	17	F
16	10000	20	10

6.3.3 常用进制间的转换

1. R 进制转换为十进制(方法:按权相加)

在 R 进位计数中,任意一个数值均可以表示为如下形式:

$$anan\text{-}1an\text{-}2\cdots a2a1$$

上述数值对应的是十进制数(R 为 10),对应的是二进制数 R 为 2,设结果十进制的值为 S:

$$S=anR^{n-1}+an\text{-}1R^{n-2}+an\text{-}2R^{n-3}+\cdots+a2R^{1}+a1R^{0}$$

例 1:二进制整数转为十进制数

将(111010)2 转换为十进制数

	(1	1	1	0	1	0)$_2$
	↓	↓	↓	↓	↓	↓
位权(权)	2^5	2^4	2^3	2^2	2^1	2^0

方法:按权相加

本位数字与该位的位权乘积的代数和:

$$1\times2^5+1\times2^4+1\times2^3+0\times2^2+1\times2^1+0\times2^0=32+16+8+2=(58)_{10}$$

例 2:八进制整数转为十进制数

方法:按权相加

$$(136)_8=1\times8^2+3\times8^1+6\times8^0=(94)_{10}$$

例 3:十六进制整数转为十进制数

方法:按权相加

$$(F)_{16}=(15)_{10}$$

$$(A)_{16}=(10)_{10}$$

$$(1F2A)_{16}=1\times16^{3}+15\times16^{2}+2\times16^{1}+10\times16^{0}=(7978)_{10}$$

2. 十进制整数转换为二进制

方法一:除 2 取余,直至商为 0,余数倒序排。

例 4:将十进制整数 46 转为二进制数

$$(46)_{10}=(\qquad\qquad)_2$$

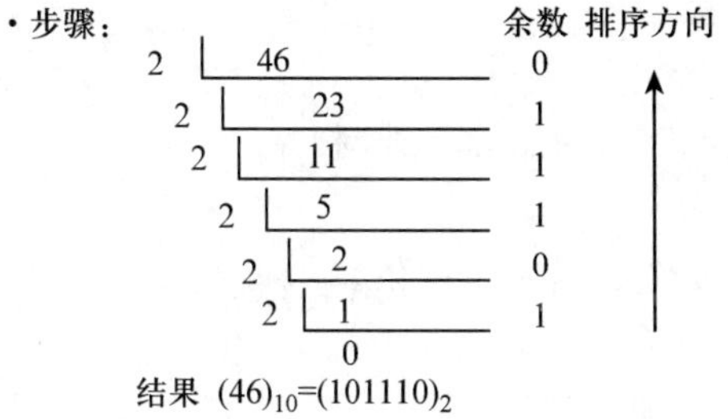

例 5:将十进制整数 89 转为二进制数

$$(89)_{10}=(\qquad\qquad)_2$$

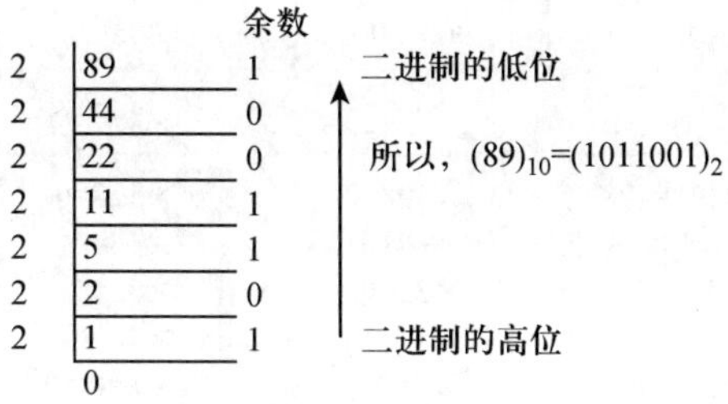

方法二:位置记数法。

位置记数法也叫位值记数法,即数字根据其所占用的位置来表示不同的值。具体来说,数字代表的值等于该数字乘以它所在位的基数(即基)的幂次所得的积。

在二进制数制系统中,基是 2。因此,每个位置代表 2 的幂,幂次逐位增加。在 8 位二进制数中,各个位置分别代表数值如表 6-3 所示

表 6-3　8 位二进制位值

2^7	2^6	2^5	2^4	2^3	2^2	2^1	2^0
128	64	32	16	8	4	2	1
1	1	1	1	0	1	0	1

使用位值记数法计算二进制 11110101 对应的十进制数是多少?

步骤 1:将 8 位二进制数值按照从高位到低位(从左到右)的顺序填写在上表中。

步骤 2:各个位置上的数字 1 都表示要将该位置的值计入总数,各个位置上的数字 0 都表示该位置的值不计入总数。

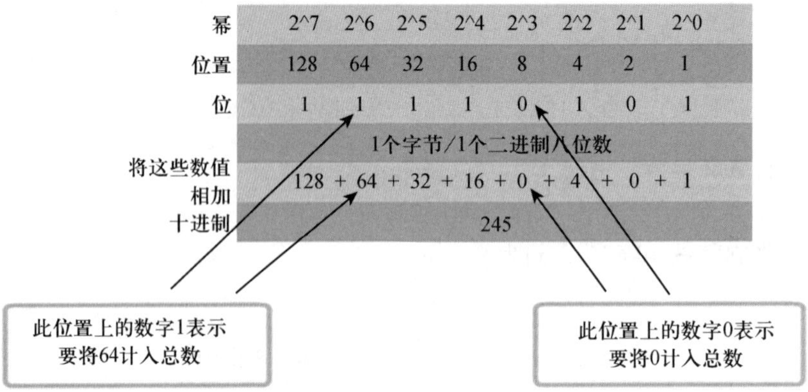

例 6:将二进制 IPv4 地址转换为点分十进制

换算时请牢记以下步骤:

将 32 个比特位划分为 4 个二进制八位数。

将每个二进制八位数转换为十进制数。

在每个十进制数字之间添加“点”号。

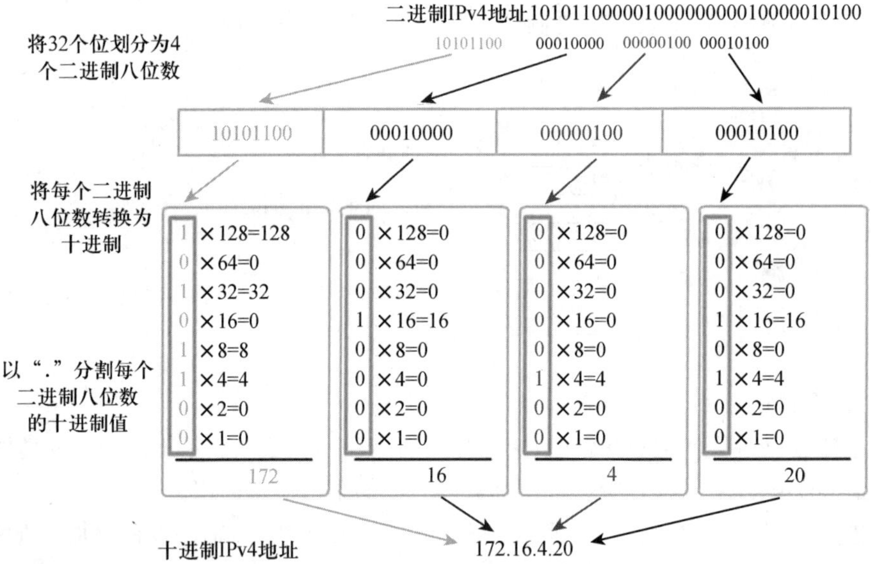

3. 八进制整数/十六进制整数和二进制之间的转换

二进制数和八进制、十六进制整数之间分别存在着一种特殊关系,即:

$$2^3=8$$
$$2^4=16$$

所以得出:1 位八进制整数可以使用 3 位二进制表示,1 位十六进制整数可以使用 4 位二进制表示。二进制与八进制关系表如表 6-4 所示,二进制与十六进制关系表如表 6-5 所示。

表 6-4　二进制与八进制关系表

八进制	对应二进制
0	000
1	001
2	010
3	011
4	100
5	101
6	110
7	111

表 6-5　二进制与十六进制关系表

十六进制	对应二进制	十六进制	对应二进制
0	0000	8	1000
1	0001	9	1001
2	0010	A(10)	1010
3	0011	B(11)	1011
4	0100	C(12)	1100
5	0101	D(13)	1101
6	0110	E(14)	1110
7	0111	F(15)	1111

例 7:将二进制数转换为八进制数

方法:分段法——每三位分段

步骤:

- 从右向左,三位一段,不足三位,左补 0
- 将每段中的三位二进制数转化为一位八进制数

$$(11001110)_2=(316)_8$$

步骤 1:从右向左,三位一段,不足三位,左补 0

011　001　110

←

从右向左

步骤 2:将每段中的三位二进制数转化为一位八进制数

$$(011)_2=(3)_8$$
$$(001)_2=(1)_8$$
$$(110)_2=(6)_8$$

总结:

二进制转换为八进制:三位二进制取代一位八进制;

八进制转换为二进制：一位八进制用三位二进制数代替。

例 8：将二进制数转换为十六进制数

方法：分段法——每四位分段

步骤：

- 从右向左，四位一段，不足四位，左补 0
- 将每段中的四位二进制数转化为一位十六进制数

$$(11001110)_2=(CE)_{16}$$

步骤 1：从右向左，四位一段，不足四位，左补 0

1100　1110

←

从右向左

步骤 2：将每段中的四位二进制数转化为一位十六进制数

$$(1100)_2=(C)_{16}$$

$$(1110)_2=(E)_{16}$$

总结：

二进制转换为十六进制：四位二进制取代一位十六进制；

十六进制转换为二进制：一位十六进制用四位二进制数代替。

进制间转换综合练习题

序号	试题	序号	试题
第 1 套	$(11000111)_B=(\quad)_D$	第 3 套	$(11101010)_B=(\quad)_D$
	$(257)_O=(\quad)_D$		$(624)_O=(\quad)_D$
	$(D2A)_H=(\quad)_D$		$(6DF)_H=(\quad)_D$
	$(198)_D=(\quad)_B$		$(179)_D=(\quad)_B$
	$(D38)_H=(\quad)_O$		$(A06)_H=(\quad)_O$
	$(221)_D=(\quad)_H$		$(99)_D=(\quad)_H$
第 2 套	$(01010101)_B=(\quad)_D$	第 4 套	$(11000011)_B=(\quad)_D$
	$(362)_O=(\quad)_D$		$(260)_O=(\quad)_D$
	$(A4F)_H=(\quad)_D$		$(D37)_H=(\quad)_D$
	$(209)_D=(\quad)_B$		$(234)_D=(\quad)_B$
	$(735)_O=(\quad)_H$		$(703)_O=(\quad)_H$
	$(234)_D=(\quad)_O$		$(247)_D=(\quad)_O$

6.3.4　IP(IPv4)地址的分类

IP(IPv4)地址包括网络部分和主机部分。对于同一个网络中的设备，其网络部分必须相同，而主机部分是唯一的。如果有两台设备的 IP 地址中网络部分相同，则可以判断这两台设备处于同一网络。

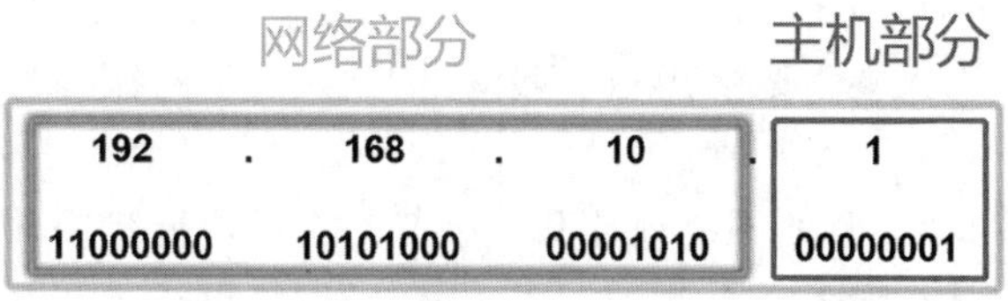

成功搭建局域网 A 和局域网 B，并按照图示 IP 地址和子网掩码配置 PC。

测试局域网 A 中 PC1 和 PC2 的网络连通性＿＿＿＿＿＿＿＿＿＿＿＿＿＿＿＿＿＿

测试局域网 B 中 PCA 和 PCB 的网络连通性＿＿＿＿＿＿＿＿＿＿＿＿＿＿＿＿＿＿

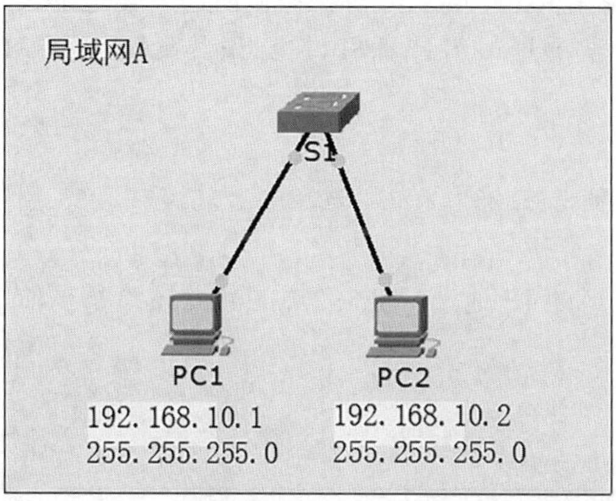

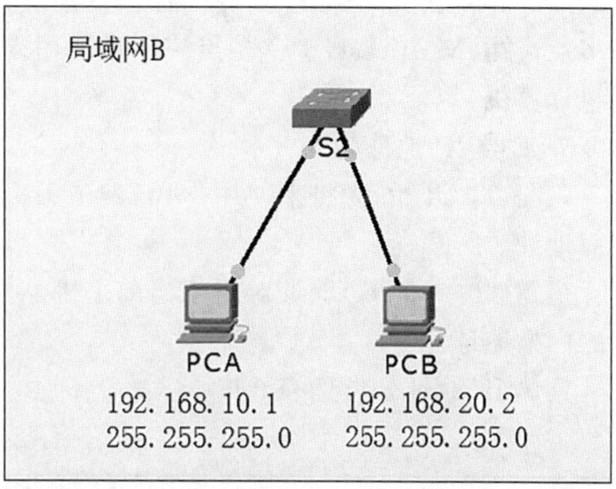

IP 地址根据网络部分的不同分为 5 种类型，分别为 A 类 IP 地址、B 类 IP 地址、C 类 IP 地址、D 类 IP 地址和 E 类 IP 地址。

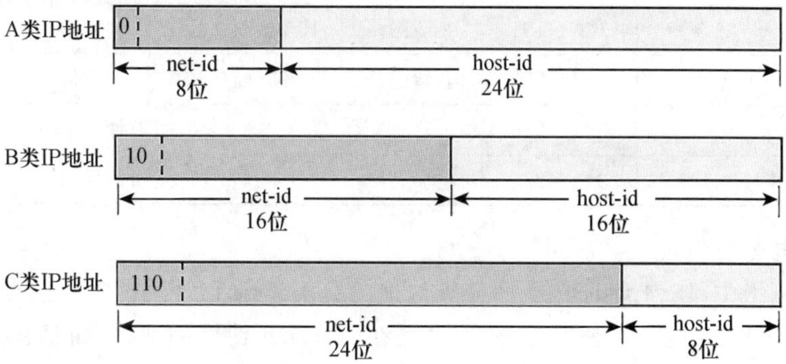

1. A 类 IP 地址

一个 A 类 IP 地址由 1 字节（8 位）的网络地址和 3 字节（24 位）主机地址组成，它主要为大型网络而设计的，网络地址的最高位必须是“0”，地址范围从 1.0.0.0 到 127.0.0.0。可用的 A 类网络有 127 个，每个网络能容纳 16 777 214 个主机。其中 127.0.0.1 是一个特殊的 IP 地址，表示主机本身，用于本地机器的测试。

注：A 类：0-127，其中 0 代表任何地址，127 为回环测试地址，因此，A 类 IP 地址的实际范围是 1-126，默认子网掩码为 255.0.0.0。

2. B 类 IP 地址

一个 B 类 IP 地址由 2 个字节的网络地址和 2 个字节的主机地址组成，网络地址的最高位必须是“10”，地址范围从128.0.0.0到191.255.255.255。可用的B类网络有16 382个，每个网络能容纳6万多个主机。它主要适用于中型网络，默认的子网掩码为255.255.0.0。

3. C类IP地址

一个C类IP地址由3字节的网络地址和1字节的主机地址组成，网络地址的最高位必须是“110”，范围从192.0.0.0到223.255.255.255。C类网络可达209万余个，每个网络能容纳254个主机，它主要适用于小型网络，默认的子网掩码为255.255.255.0。

4. D类IP地址

用于多点广播(Multicast)。D类IP地址第一个字节以“1110”开始范围从224.0.0.0到239.255.255.255。它是一个专门保留的地址。它并不指向特定的网络，目前这一类地址被用在多点广播(Multicast)中。多点广播地址用来一次寻址一组计算机，它标识共享同一协议的一组计算机。

5. E类IP地址

以“1111”开始，为将来使用保留，240.0.0.0到255.255.255.254，255.255.255.255用于广播地址。

全零(“0.0.0.0”)地址对应于当前主机。全“1”的IP地址(“255.255.255.255”)是当前子网的广播地址。

具体IP地址分类见表6-6。

表6-6 IPv4地址分类表

类型	标识位 8位二进制	第一段 十进制范围	适用网络 类型	网络部分位数	主机部分 位数	默认子网掩码
A类	0*******	1～126	大型网络	8位(前1段)	24位	255.0.0.0
B类	10******	128～191	中型网络	16位(前2段)	16位	255.255.0.0
C类	110*****	192～223	小型网络	24位(前3段)	8位	255.255.255.0
D类	1110****	224～239	组播地址			
E类	1111****	240～255	科学研究预留地址			

私有地址与公有地址

在现在的网络中，IPv4地址在A～E类地址的分类基础上，将A、B、C三类地址分为公网IPv4地址和私有IPv4地址。公网IPv4地址是在Internet使用的地址，而私有IPv4地址是一段保留的地址，只使用在局域网中，无法在Internet上使用。

A类私有地址

在A类地址中，10.0.0.0到10.255.255.255是私有地址。

B类私有地址

在B类地址中，172.16.0.0到172.31.255.255是私有地址。

C类私有地址

在C类地址中，192.168.0.0到192.168.255.255是私有地址。

6.3.5 子网掩码

子网掩码(subnet mask)又叫网络掩码，它是一种用来指明一个IP地址的哪些位表示网络部分,哪些位表示主机部分。子网掩码不能单独存在,它必须结合 IP 地址一起使用。

子网掩码也使用 32 位二进制表示,其中网络部分使用二进制的“1”表示,主机部分使用二进制的“0”表示,为了便于人们读取和记忆也通常表示成 4 段十进制数。默认子网掩码如表 6-7 所示。

表 6-7　默认子网掩码

类别	子网掩码的二进制数值	子网掩码的十进制数值
A	11111111 00000000 00000000 00000000	255.0.0.0
B	11111111 11111111 00000000 00000000	255.255.0.0
C	11111111 11111111 11111111 00000000	255.255.255.0

子网掩码有两种表示方式:一种使用点分的 4 段十进制表示,如图 6-3 所示;另一种使用前缀方式表示,如“/24”,这种表示方式表明子网掩码中有 24 个“1”,网络部分为 24 位。

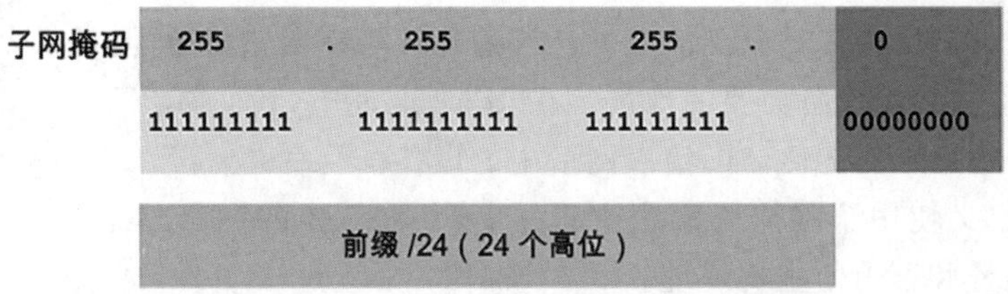

图 6-3　子网掩码与网络前缀

练习:将下表中的数值进行子网掩码和网络前缀之间的转换。

子网掩码数值表示	子网掩码前缀表示
255.255.0.0	
	/27
255.192.0.0	
	/19
255.255.255.224	
	/30

6.3.6　地址类型

案例导入:

(1)搭建如图 6-4 所示拓扑,并按照图中标注的 IP 地址和子网掩码配置 PC。

(2)猜测局域网中 PC1 与 PC2 网络能否连通?

(3)使用测试命令测试局域网中 PC1 与 PC2 的连通性,为什么?

每个 IPv4 网络的地址范围内都有三种类型的地址:

(1)网络地址　是指代网络的标准方式,在计算中是指主机部分全为二进制 0 的地址。网络地址不能给主机分配。

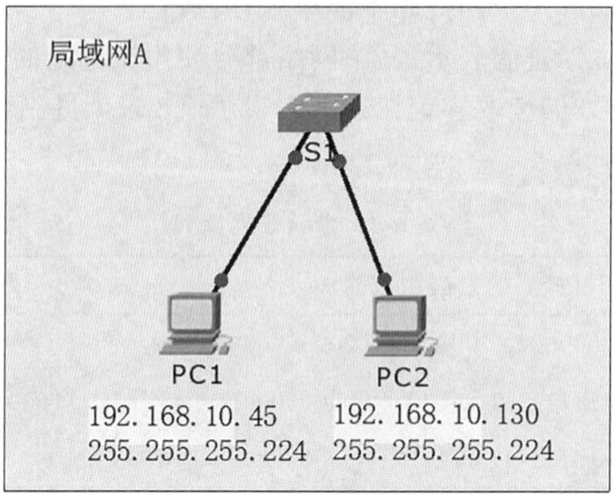

图 6-4 案例拓扑图

(2)广播地址 用于向网络中的所有主机发送数据的特殊地址，在计算中是指主机部分全为二进制 1 的地址。广播地址不能给主机分配。

(3)主机地址 终端设备需要的地址。在 IPv4 地址中，我们将介于网络地址和广播地址之间的值分配给该网络中的设备。

例如：按照定义使用子网掩码确定主机 10.0.0.88/24 的网络地址(图 6-5)，广播地址和第 1 个主机地址。

视频 6 单播、组播和广播通信

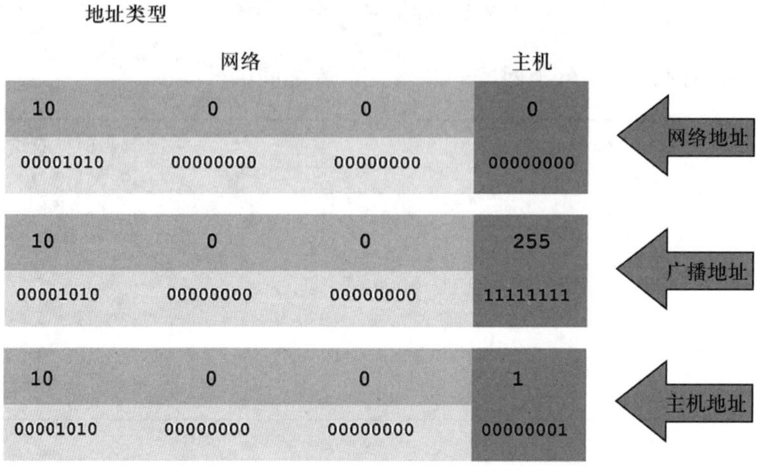

图 6-5 使用子网掩码确定主机的三种类型地址

6.3.7 使用子网掩码计算主机的地址

已知：某办公室中一台主机(员工 1)的 IP 地址为 172.16.203.135/19

需求：请为此办公室计算所使用的网络地址、广播地址及可用的有效主机地址范围，并选择适合的主机地址为网络中的员工 2、服务器和打印机配置，最终实现办公室网络的全连通。网络拓扑如图 6-6 所示。

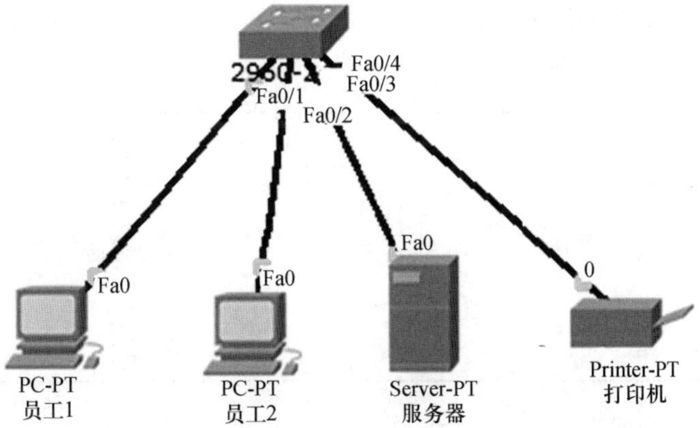

图 6-6　网络拓扑图 6

实施步骤与分析：

步骤 1：分析前缀表示的子网掩码/19 的含义为该 IP 地址 32 位二进制中网络部分为 19 位，主机部分为 13 位，将前缀表示的子网掩码/19 转换为十进制表示为 255.255.224.0，具体计算过程如下：

网络部分 19 位		主机部分 13 位	
11111111.11111111.111		00000.00000000	
255	255	224	0

步骤 2：将已知员工 1 的 IP 地址 172.16.203.135/19 转换成 32 位的二进制。

十进制 IP	172	16	203	135
二进制 IP	10101100	00010000	11001011	10000111
子网掩码	11111111	11111111	11100000	00000000

步骤 3：根据子网掩码/19 的含义，将 32 位二进制表示的 IP 地址标注网络部分和主机部分，根据网络地址的定义，在计算中是指主机部分全为二进制 0 的地址。网络地址不能给主机分配。

十进制 IP	172	16	203	135
二进制 IP	10101100	00010000	110 01011	10000111
子网掩码	11111111	11111111	111 00000	00000000
网络地址	10101100	00010000	110 00000	00000000
十进制表示网络地址	172	16	192	0

步骤 4：根据广播地址的定义，在计算中是指主机部分全为二进制 1 的地址。广播地址不能给主机分配。

十进制 IP	172	16	203	135
二进制 IP	10101100	00010000	110 01011	10000111
子网掩码	11111111	11111111	111 00000	00000000
广播地址	10101100	00010000	110 11111	11111111
十进制表示网络地址	172	16	223	255

步骤 5:根据主机地址的定义,我们将介于网络地址和广播地址之间的值分配给该网络中的设备。

十进制 IP	172	16	203	135
网络地址	10101100	00010000	110 00000	00000000
十进制表示网络地址	172	16	192	0
广播地址	10101100	00010000	110 11111	11111111
十进制表示网络地址	172	16	223	255
最小主机 IP 地址	172	16	192	1
最大主机 IP 地址	172	16	223	254

步骤 6:填写地址分配表。

设备名称	IP 地址	子网掩码
员工 1	172.16.203.135	255.255.224.0
员工 2	172.16.192.1	255.255.224.0
服务器	172.16.192.2	255.255.224.0
打印机	172.16.192.3	255.255.224.0

步骤 7:根据地址分配表为网络设备配置 IPv4 地址和子网掩码,并测试网络的全连通,如图 6-7 所示。

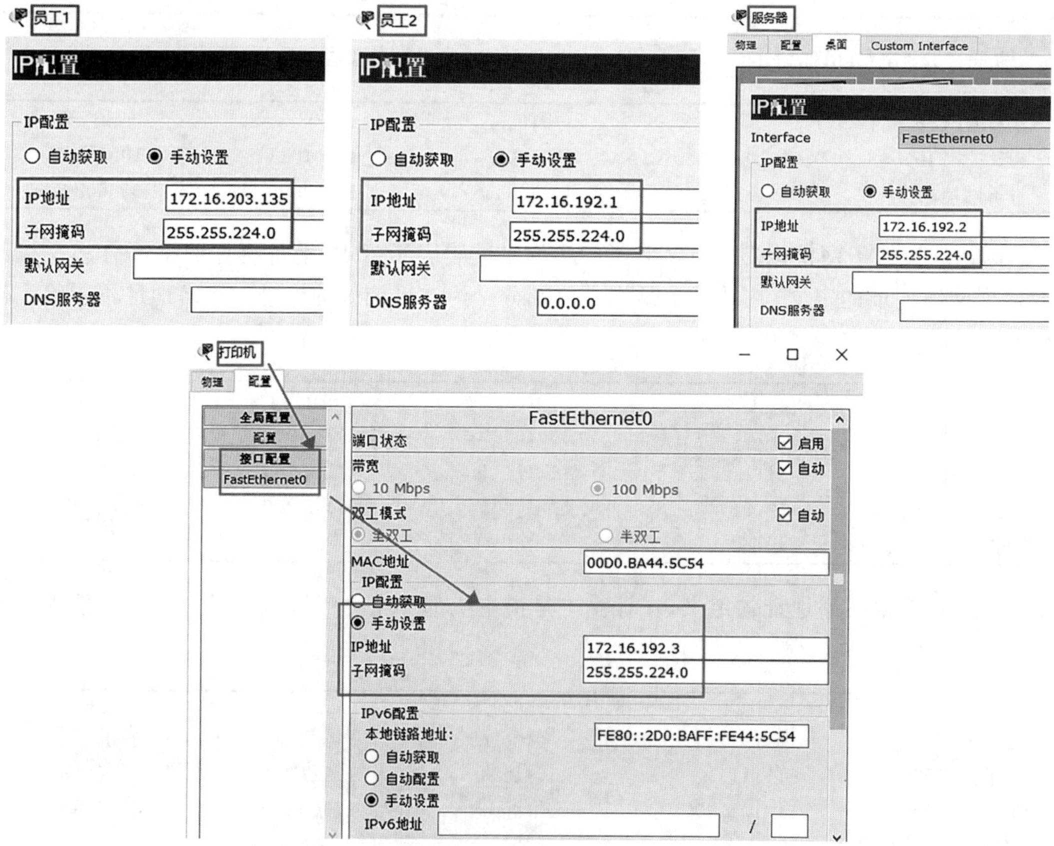

图 6-7 配置和测试网络的全连通

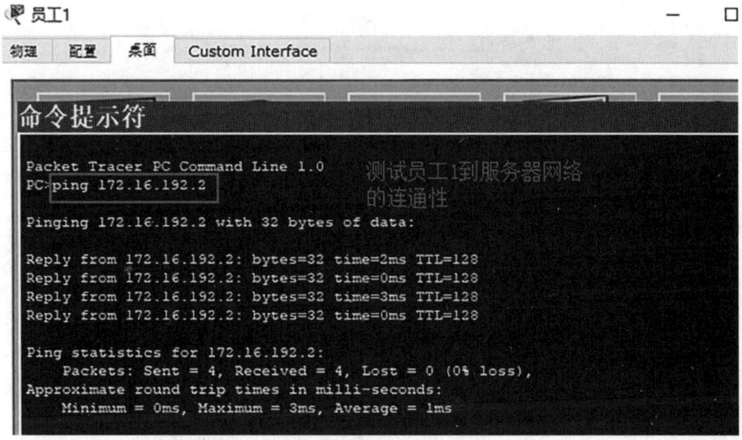

员工1
物理
配置
桌面
Custom Interface
命令提示符
Packet Tracer PC Command Line 1.0
PC>ping 172.16.192.2
测试员工1到服务器网络的连通性
Pinging 172.16.192.2 with 32 bytes of data:
Reply from 172.16.192.2: bytes=32 time=2ms TTL=128
Reply from 172.16.192.2: bytes=32 time=0ms TTL=128
Reply from 172.16.192.2: bytes=32 time=3ms TTL=128
Reply from 172.16.192.2: bytes=32 time=0ms TTL=128
Ping statistics for 172.16.192.2:
Packets: Sent = 4, Received = 4, Lost = 0 (0% loss),
Approximate round trip times in milli-seconds:
Minimum = 0ms, Maximum = 3ms, Average = 1ms

续图 6-7

6.4 任务实施

子任务 1 使用 ping 命令验证网络的连通性

ping 是测试 TCP/IP 网络连通性时不可或缺的工具。在 Windows、Linux 和 Cisco IOS 上都可以使用 ping 实用程序测试网络连通性。Windows 系统上可以使用 tracert 实用程序，而 Linux 和 Cisco IOS 系统上则可使用类似的实用程序 traceroute。除了测试连通性外，tracert 还可用于检查网络反应时间。

例如，当 Web 浏览器无法连接到 Web 服务器时，问题可能出现在客户端与服务器之间的任何环节。测试本地网络的连通性或涉及设备很少的连接时，网络工程师可以使用 ping 命令。而在复杂的网络中，则会使用 tracert 命令。从何处着手连通性测试一直是存在颇多争议的一个问题，它通常取决于网络工程师的经验及其对网络的熟悉程度。ping 和 tracert 都使用 Internet 控制消息协议（ICMP）在设备间发送消息。ICMP 属于网络层协议。

ping 命令用于验证本地主机计算机或其他网络设备上的 TCP/IP 网络层连通性。使用该命令时，可以用目的 IP 地址或限定域名（如 eagle-server.example.com）来测试域名服务（DNS）功能。本实验只使用 IP 地址。

ping 操作很简单。源计算机向目的设备发送 ICMP 回应请求。目的设备用应答消息做出响应。如果源设备和目的设备之间连接断开，路由器可能会用 ICMP 消息做出响应，表示主机未知或目的网络未知。本任务使用网络拓扑如图 6-8 所示，任务地址表见表 6-8。

1. 使用 ping 命令验证主机 1A 与主机 1B 网络的连通性

在 PC 1A 的命令提示符下使用 ping 命令测试与主机 1B 的网络连通性，如图 6-9 所示。

2. 使用 ping 命令验证与默认网关网络连通性

在 PC1A 的命令提示符下使用 ping 命令测试与默认网关网络连通性，如图 6-10 所示。

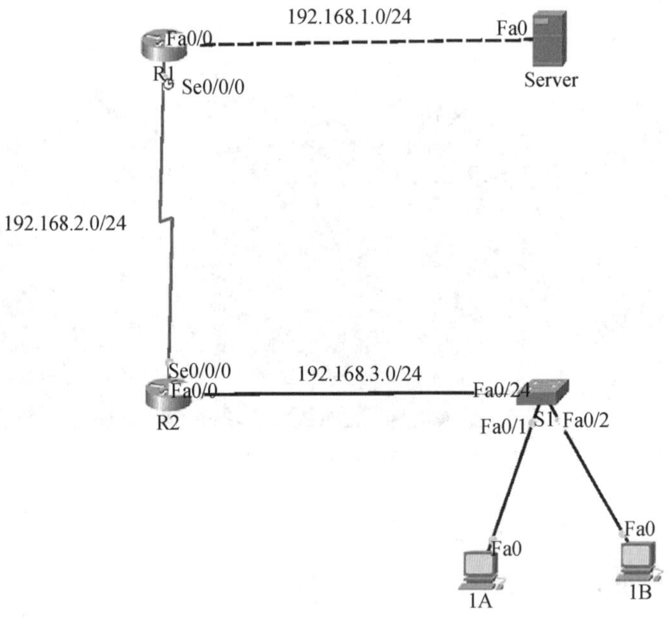
192.168.1.0/24
Fa0/0
Fa0
R1
Se0/0/0
Server
192.168.2.0/24
Se0/0/0
Fa0/0
192.168.3.0/24
Fa0/24
R2
Fa0/1
S1
Fa0/2
Fa0
Fa0
1A
1B

图 6-8　网络拓扑图 7

表 6-8　任务地址表 3

设备	接口	IP 地址	子网掩码	默认网关
R1	F0/0	192.168.1.254	255.255.255.0	无
	S0/0/0	192.168.2.1	255.255.255.0	无
R2	F0/0	192.168.3.254	255.255.255.0	无
	S0/0/0	192.168.2.2	255.255.255.0	无
Server	网卡	192.168.1.1	255.255.255.0	192.168.1.254
1A	网卡	192.168.3.1	255.255.255.0	192.168.3.254
1B	网卡	192.168.3.2	255.255.255.0	192.168.3.254

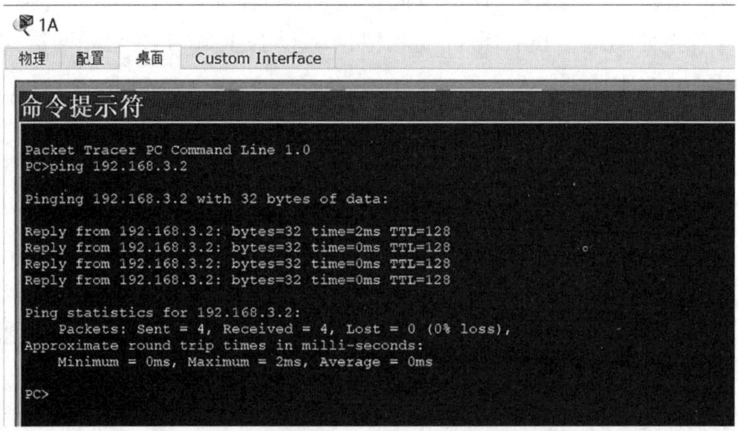
1A
物理
配置
桌面
Custom Interface
命令提示符
Packet Tracer PC Command Line 1.0
PC>ping 192.168.3.2
Pinging 192.168.3.2 with 32 bytes of data:
Reply from 192.168.3.2: bytes=32 time=2ms TTL=128
Reply from 192.168.3.2: bytes=32 time=0ms TTL=128
Reply from 192.168.3.2: bytes=32 time=0ms TTL=128
Reply from 192.168.3.2: bytes=32 time=0ms TTL=128
Ping statistics for 192.168.3.2:
Packets: Sent = 4, Received = 4, Lost = 0 (0% loss),
Approximate round trip times in milli-seconds:
Minimum = 0ms, Maximum = 2ms, Average = 0ms
PC>

图 6-9　测试主机 1A 和 1B 的网络连通

```
PC>ping 192.168.3.254

Pinging 192.168.3.254 with 32 bytes of data:

Reply from 192.168.3.254: bytes=32 time=0ms TTL=255
Reply from 192.168.3.254: bytes=32 time=0ms TTL=255
Reply from 192.168.3.254: bytes=32 time=0ms TTL=255
Reply from 192.168.3.254: bytes=32 time=0ms TTL=255

Ping statistics for 192.168.3.254:
    Packets: Sent = 4, Received = 4, Lost = 0 (0% loss),
Approximate round trip times in milli-seconds:
    Minimum = 0ms, Maximum = 0ms, Average = 0ms
```

图 6-10　测试主机 1A 和默认网关的网络连通

TTL 是 Time To Live 的缩写，表示生存时间，该字段指定 IP 包被路由器丢弃之前允许通过的最大网段数量。Cisco IOS 的默认 TTL 值设置为 255，因为没有经过路由器，所以返回的 TTL 值仍为 255。

3. 使用 ping 命令验证与远程服务器 Server 网络连通性

在 PC1A 的命令提示符下使用 ping 命令测试与远程服务器网络连通性，如图 6-11 所示。

```
PC>ping 192.168.1.1

Pinging 192.168.1.1 with 32 bytes of data:

Reply from 192.168.1.1: bytes=32 time=5ms TTL=126
Reply from 192.168.1.1: bytes=32 time=10ms TTL=126
Reply from 192.168.1.1: bytes=32 time=5ms TTL=126
Reply from 192.168.1.1: bytes=32 time=5ms TTL=126

Ping statistics for 192.168.1.1:
    Packets: Sent = 4, Received = 4, Lost = 0 (0% loss),
Approximate round trip times in milli-seconds:
    Minimum = 5ms, Maximum = 10ms, Average = 6ms
```

图 6-11　测试主机 1A 和远程服务器的网络连通

排除网络连通性故障时，ping 命令非常有用，但是也存在局限性。下图的输出结果显示用户无法连接 Server，是 Server 还是路径中的某台设备存在问题？

细微调整 ping 选项在排除网络故障中通常都能发挥作用。图 6-12 是没有目的地址的 ping 命令输出信息。

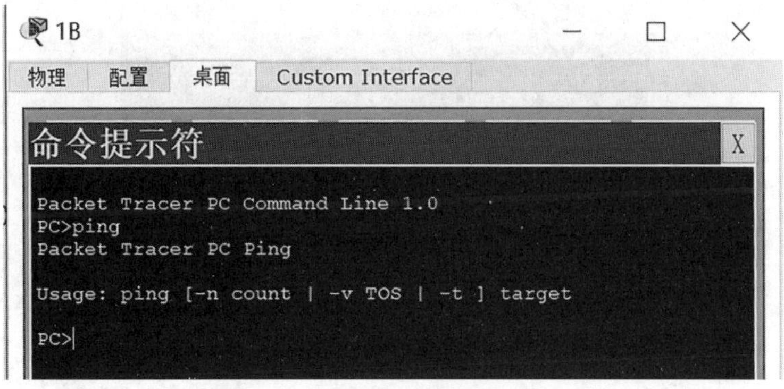
1B
物理
配置
桌面
Custom Interface
命令提示符
X
Packet Tracer PC Command Line 1.0
PC>ping
Packet Tracer PC Ping
Usage: ping [-n count | -v TOS | -t] target
PC>

图 6-12　没有目的地址的 ping 命令

-t：表示一直 ping 指定的网络地址，直到按下键盘 Ctrl+c 组合键中断。

-n：-n count 要请求连接的个数，不修改默认是 4 个。

思考：网络工程师使用 ping 和 tracert 两种命令来测试网络连通性。测试基本网络连接时，ping 命令最适用。但要测试反应时间和网络路径，则首选 tracert 命令，能够准确、快速地诊断网络连接问题是网络工程师应该具备的一项技能。培养这种技能需要掌握 TCP/IP 协议的相关知识和练习使用故障排除命令。接下来要介绍的 tracert 命令可以显示网络反应时间和路径信息。

子任务 2　使用 tracert 命令验证网络的连通性

tracert 命令适用于了解网络反应时间和路径信息。我们可以不使用 ping 命令逐一测试与目的设备之间每台设备的连通性，而使用 tracert 命令。Linux 和 Cisco IOS 设备上的等效命令是 traceroute。

1. 在 1A 主机下使用 tracert 命令验证到达服务器 Server 网络连通性

在表 6-9 中记录结果：

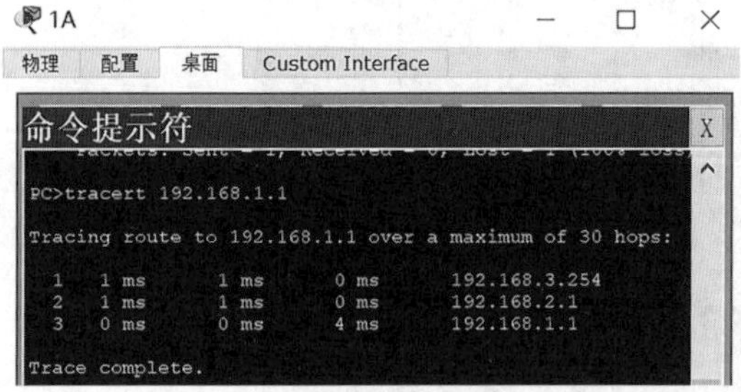
1A
物理
配置
桌面
Custom Interface
命令提示符
PC>tracert 192.168.1.1
Tracing route to 192.168.1.1 over a maximum of 30 hops:
1 1 ms 1 ms 0 ms 192.168.3.254
2 1 ms 1 ms 0 ms 192.168.2.1
3 0 ms 0 ms 4 ms 192.168.1.1
Trace complete.

表 6-9　结果记录表

字段	值
最大跳数	
第一个路由器的 IP 地址	
第二个路由器的 IP 地址	
是否可到达目的设备	

2. 关闭服务器 Server 后在 1A 主机下使用 tracert 命令验证到达服务器 Server 网络连通性

如果与服务器 Server 之间的连接断开，tracert 命令可以提供有关问题根源的宝贵线索。ping 命令能够显示故障，但却不能提供有关沿途设备的其他任何信息。从图 6-13 测试结果能得出，1A 主机与默认网关 R2 的 f0/0 和 R1 路由器正确响应，判断问题肯定存在于 192.168.1.0/24 网络中，可以进一步排查此网络中的故障点，因为本例中的服务器 Server 已经关闭。

1A
物理
配置
桌面
Custom Interface
命令提示符
PC>tracert 192.168.1.1
Tracing route to 192.168.1.1 over a maximum of 30 hops:
1 2 ms 1 ms 0 ms 192.168.3.254
2 0 ms 0 ms 3 ms 192.168.2.1
3 2 ms 1 ms 2 ms 192.168.3.254
4 2 ms 1 ms 3 ms 192.168.2.1
5 0 ms 1 ms 2 ms 192.168.3.254
6 5 ms 4 ms 1 ms 192.168.2.1
7 3 ms 2 ms 2 ms 192.168.3.254
8 1 ms 3 ms 0 ms 192.168.2.1
9 11 ms 5 ms 2 ms 192.168.3.254
10 3 ms 3 ms 7 ms 192.168.2.1
11 7 ms 4 ms 4 ms 192.168.3.254
12 6 ms 7 ms 3 ms 192.168.2.1

图 6-13　测试结果

子任务3　IPv4地址的子网划分

1. 任务简介

子网划分就是从主机位中取出部分位用作子网位，这样就可以将一个标准的IP网络划分成几个小的网络，从而将“网络ID+主机ID”二层结构变成“网络ID+子网ID+主机ID”的三层结构，以提高IP地址的利用率。可以将一个标准的IP地址（IP网络）根据需要划分为不同的几个子网络，这种做法称为子网划分。采用借位的方式，从主机最高位开始借位变为新的子网位，剩余部分仍为主机位。这使得IP地址的结构分为三部分：网络位、子网位和主机位。

2. 任务目标

（1）在虚拟仿真平台构建网络拓扑图。

（2）根据拓扑图确定所需网络地址的数量。

（3）根据子网数量确定子网划分从主机位中借出作为子网位的位数。

（4）计算每个子网网络地址。

（5）计算机每个子网下有效的主机地址范围。

（6）根据计算结果填写地址分配表。

（7）根据地址分配表地址配置网络设备接口IP地址、子网掩码和默认网关。

（8）正确配置路由协议并查看路由表。

（9）测试网络的全连通，如有故障，使用ping或tracert命令查找分析并排除网络故障。

3. 任务需求

网络中心现有一个网络地址为192.168.10.0/24，预使用此网络地址为博学楼和计算机中心网络规划IP地址，并使用规划设计的IP地址配置网络设备，博学楼PC机与计算机中心PC机互联互通。

根据网络拓扑，我们分析出当前网络需要4个网络地址，而当前只1个网络地址192.168.10.0/24，因此我们需要采用子网划分技术完成IP地址的规划与设计。

4. 任务拓扑

任务使用拓扑见图6-14。

5. 任务实施

步骤1：对已知网络地址进行分析。

已知1个网络地址为192.168.10.0/24，通过子网掩码我们能判断出已知网络地址的网络部分为24位，主机部分为8位，子网划分后，我们希望获得4个子网网络地址，故需要向主机部分借2位当作网络部分使用，借来的位称为子网位。

<table>
<tr><td>网络部分24位</td><td colspan="2">主机部分8位</td></tr>
<tr><td>192.168.10</td><td colspan="2">00000000</td></tr>
<tr><td colspan="2">网络部分24位+2位子网位=26位</td><td>主机部分6位</td></tr>
<tr><td>192.168.10</td><td>00</td><td>000000</td></tr>
</table>

步骤2：子网掩码和子网网络地址设计与计算。

由任务1网络部分为26位，故子网掩码的前缀表示为/26，转换成十进制格式为255.255.255.192。

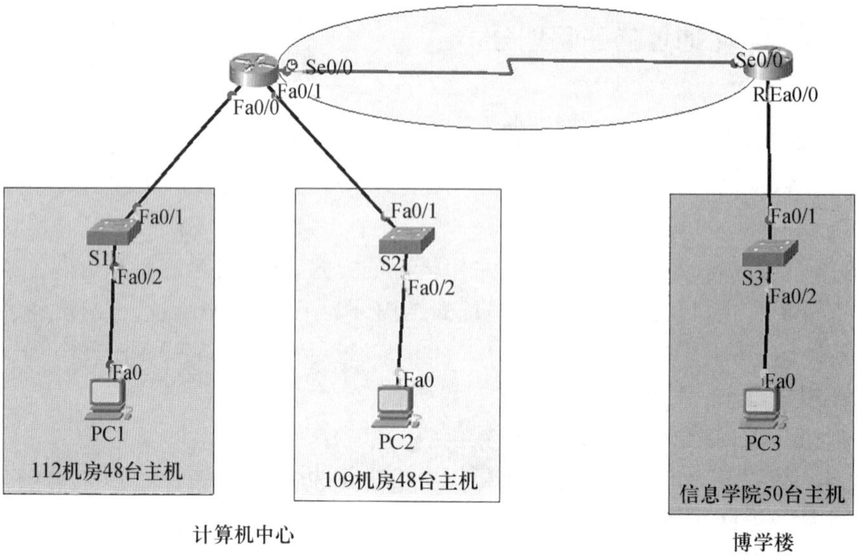

图 6-14　任务拓扑图 2

网络部分 24 位+2 位子网位=26 位		主机部分 6 位	
子网 0	192.168.10	00	000000
子网 1	192.168.10	01	000000
子网 2	192.168.10	10	000000
子网 3	192.168.10	11	000000

二进制子网网络地址为：

十进制子网网络地址为：

子网 0:192.168.10.0/26

子网 1:192.168.10.64/26

子网 2:192.168.10.128/26

子网 3:192.168.10.192/26

步骤 3:计算每个子网可用主机地址范围。

网络部分 24 位+2 位子网位=26 位		主机部分 6 位	
子网 0 最小主机地址 192.168.10.1	192.168.10	00	000001
子网 0 最大主机地址 192.168.10.62	192.168.10	00	111110
子网 1 最小主机地址 192.168.10.65	192.168.10	01	000001
子网 1 最大主机地址 192.168.10.126	192.168.10	01	111110

续表

网络部分 24 位+2 位子网位=26 位		主机部分 6 位	
子网 2 最小主机地址 192.168.10.129	192.168.10	10	000001
子网 2 最大主机地址 192.168.10.190	192.168.10	10	111110
子网 3 最小主机地址 192.168.10.193	192.168.10	11	000001
子网 3 最大主机地址 192.168.10.254	192.168.10	11	111110

步骤 4：分配原则说明如下，根据需求填写 IP 地址分配表（表 6-10）。

112 机房使用子网 0；

109 机房使用子网 1；

信息学院使用子网 2；

R1 和 R2 连接的网络使用子网 3；

所有路由器局域网口 F0/0 使用子网下最大的 IP 地址；

路由器 R1 的广域网口 S0/0 使用子网 3 下第一个可用的 IP 地址；

路由器 R2 的广域网口 S0/0 使用子网 3 下第二个可用的 IP 地址；

PC1 使用子网 0 下第一个可用的 IP 地址；

PC2 使用子网 1 下第一个可用的 IP 地址；

PC3 使用子网 2 下第一个可用的 IP 地址。

表 6-10　IP 地址分配表

设备名称	端口	IP 地址	子网掩码	默认网关
R1	S0/0			无
	F0/0			无
	F0/1			无
R2	S0/0			无
	F0/0			无
PC1	网卡			
PC2	网卡			
PC3	网卡			

6.5　任务小结

通过本任务的学习，学习者要掌握 IPv4 地址的构成、表示方式及进制之间的转换计算，能够根据实际需求灵活选择进制转化的计算方法，牢固记忆 IP 地址的分类和常见的私有地址，子网掩码的作用及表示，在网络中常见的地址类型及地址的计算，在任务实施中要根据网络实际需求进行有效的子网划分计算和设计，并将计算的地址应用配置到网络中，最终实现网络的全连通，主要内容小结如下：

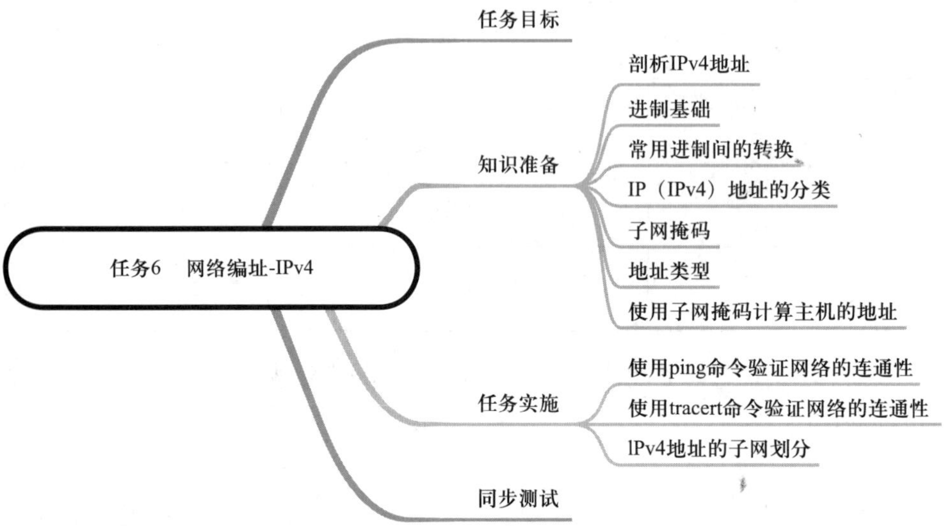

6.6　同步测试(共10题，每题10分)

1. 下面地址中属于私有 IP 地址的是哪一个？（　　）

A. 172.33.10.18　　B. 10.16.26.26

C. 11.16.20.78　　D. 192.200.100.28

2. 地址 128.107.23.10 的默认子网掩码是下面哪个选项？（　　）

A. 255.0.0.0　　B. 255.255.255.255

C. 255.255.0.0　　D. 255.255.255.0

3. IP 地址 192.168.13.170/28 的网络地址是下面哪个选项？（　　）

A. 192.168.13.176　　B. 192.168.13.144

C. 192.168.13.160　　D. 192.168.13.174

4. 172.16.4.8/18 表明其子网掩码是多少？（　　）

A. 255.255.240.0　　B. 255.255.192.0

C. 255.255.255.0　　D. 255.255.0.0

5. 子网掩码 255.255.255.248，对于给定的子网，有多少个 IP 地址可以分配给设备使用？（　　）

A. 6　　B. 8　　C. 30　　D. 254

6. 使用默认子网掩码的 C 类网络包含多少个可用的主机地址？（　　）

A. 255　　B. 254　　C. 65 536　　D. 256

7. 以下哪项不是有效的 IP 地址？（　　）

A. 193.254.8.1　　B. 193.1.25.8

C. 193.1.8.257　　D. 193.8.1.2

8. 如果借用 C 类 IP 地址中的 4 位主机号划分子网，那么子网掩码应该为多少？（　　）

A. 255.255.255.0　　B. 255.255.255.128

C. 255.255.255.192　　D. 255.255.255.240

9. IP 地址 158.168.39.17/20 的网络地址是下面哪个选项？（　　）

A. 158.168.16.0　　B. 158.168.48.0

C. 158.168.32.0　　D. 158.168.64.0

10. 子网掩码为/26 的网络包含多少个可用的主机地址？（　　）

A. 254　　B. 62　　C. 126　　D. 60

参考答案

1. B　2. B　3. C　4. B　5. A　6. B　7. C　8. B　9. C　10. B

任务 7　网络规划和配置

7.1　任务引入

在前面任务学习中已经掌握了 OSI 模型各层的功能和 TCP/IP 协议的工作原理，并能够根据网络需求搭建网络拓扑，根据已知 IP 地址进行 IP 地址的规划与计算，并能够对网络进行 IP 地址及使用 GUI 配置路由器和路由表，最终实现全网连通。接下来，我们要介绍如何将这些所学内容按照实际网络工程流程完成网络规划和配置，本任务将介绍各种不同的介质及所连设备的作用，还将介绍设备的选择和网络编址方案的设计、网络设备的配置、网络故障的检测与排除，然后将之应用于网络实验中。下面我们通过任务(任务拓扑见图 7-1)的学习来探究这些问题吧！

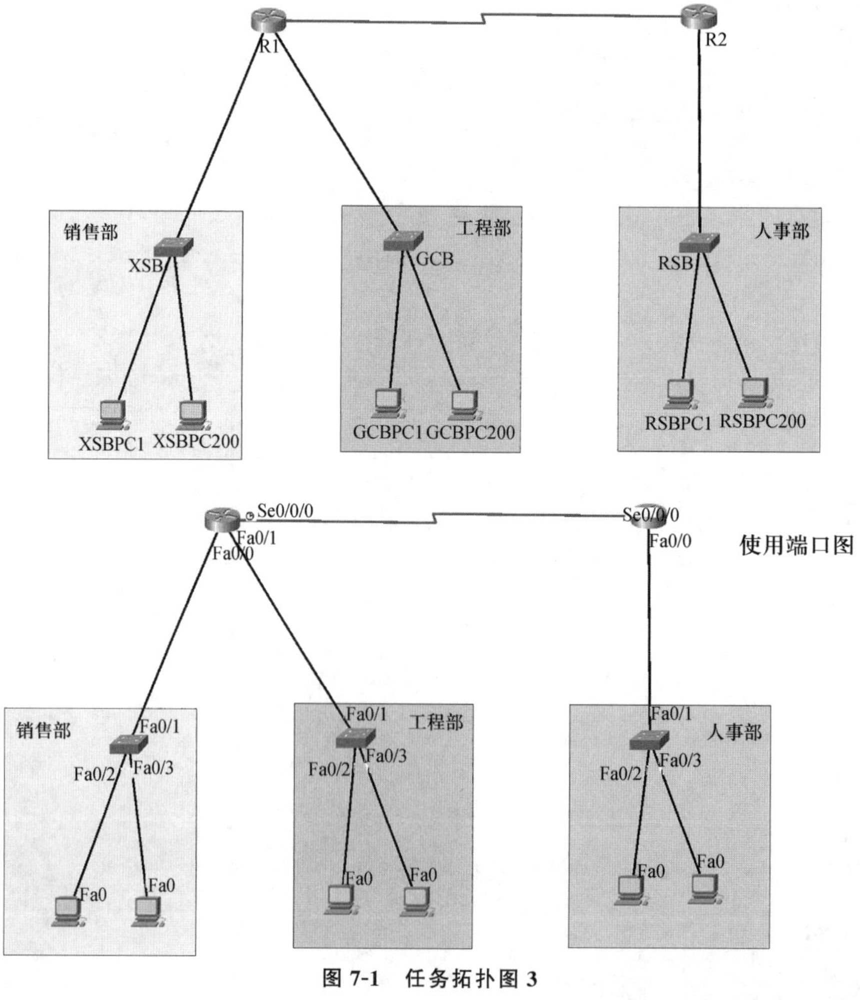

图 7-1　任务拓扑图 3

7.2 任务目标

- ✓ 了解 IPv4 地址的构成。
- ✓ 了解常见介质类型。
- ✓ 了解设备接口及连接线缆类型。
- ✓ 掌握 WAN 连接端口及时钟频率设置。
- ✓ 掌握网络工程项目实施流程。
- ✓ 能够完成设备选型和端口连接。
- ✓ 能够使用测试命令测试网络连通性。
- ✓ 能够根据需求完成网络 IP 地址的设计与计算。
- ✓ 培养学生注重细节、认真严谨的学习态度。
- ✓ 培养学生独立分析问题与解决问题的能力。

7.3 知识准备

7.3.1 选择 LAN 设备

要创建 LAN,需要选择适当的设备将终端设备连接到网络,最常用的设备是交换机。目前可以选择的交换机非常多,具有各种功能,可以在典型的企业 LAN 环境中实现多台计算机互连。使用交换机的 LAN 如图 7-2 所示。

图 7-2 使用交换机的 LAN

为了满足用户要求,LAN 需要经过规划和设计。规划过程要确保适当考虑了所有要求、成本因素和可选部署方案。为特定 LAN 选择设备时,需要考虑诸多因素,如成本、端口/接口的速度和类型、可扩展性、易于管理性、其他功能和服务等,尽管选择交换机时必须考虑的因素很多,但接下来主要探讨其中的两个:成本和接口特性。

成本:交换机的购买成本取决于其性能和功能。交换机的性能包括可用的端口数量和类型以及交换速度。影响成本的其他因素包括网络管理功能、内嵌的安全技术和可选的高级交换技术。

端口/接口的速度和类型:在 LAN 环境中,速度是始终不变的追求,如果选择的第 2 层设备可以满足速度增长需求,则无须更换中心设备即可对网络进行扩充。在选择交换机时,关键是选择端口的数量和类型。请问自己以下问题,您是否会购买:

端口仅能满足现在需要的交换机?

能满足各种 UTP 速度的交换机?

具有 UTP 和光纤两种端口的交换机?

必须要仔细考虑需要的 UTP 端口数量和光纤端口数量,还要考虑需要 1 Gbps 容量的端口数量和只需 10/100 Mbps 带宽的端口数量,以及考虑多久之后会有增加端口的需求。

7.3.2 设备互连

在规划安装 LAN 布线时,需考虑四个物理区域:

电缆总长:对于 UTP 安装,ANSI/TIA/EIA-568-B 标准规定,跨接上述四个区域的电缆总长限于每个通道最长 100 m。此标准还规定,配线面板之间相互连接的电缆最长为 5 m,从墙上的电缆端接点到电话机或计算机的电缆也不得超过 5 m。

(1)工作区域　是个人用户使用的终端设备所在的地点。每个工作区域至少有两个插孔,每个插孔可用于将单台设备连接到网络。我们使用电缆将单台设备连接到这些墙壁插孔。EIA/TIA 标准规定,用于连接设备和墙壁插孔的 UTP 接插线最大长度为 10 m。直通电缆是工作区域中最常用的电缆。此类电缆用于将计算机之类终端设备连接到网络。

(2)电信机房　也称分布层设备间,是连接中间设备的地点。这些机房配备了交换机、路由器和数据服务单元(DSU)等将网络连接到一起的中间设备。此类设备在主干布线和水平布线之间提供转换。在电信机房内部,水平电缆端接的配线面板与中间设备之间通过跳线建立连接。这些中间设备也使用接插线相互连接。电子工业联盟/电信工业协会(EIA/TIA)标准指定了两种不同类型的 UTP 电缆。一种是最长 5 m 的接插线,用于连接电信机房中的设备和配线面板。另一种电缆类型最长 5 m,用于将设备连接到墙上的端接点。这些机房通常有双重用途。在许多组织中,电信机房还配备有网络使用的服务器。

(3)分布式布线　也称水平布线,是连接电信机房与工作区域的电缆。从电信机房的端接点到工作区插座上的端接,其间的电缆最大长度不得超过 90 m。这段最长 90 m 的水平布线距离称为永久链路,因为它固定安装于建筑物结构内。水平介质从电信机房的配线面板延伸到每个工作区域中的墙壁插孔,然后使用电缆连接到设备。

(4)主干布线　也称垂直布线,是用于连接电信机房与通常安放服务器的设备房的电缆。整个设施内多个电信机房之间也通过主干布线相互连接。这些电缆有时还布设到建筑物外部的 WAN 连接或 ISP。主干布线(即垂直布线)供汇聚的流量使用,例如与 Internet 之间的往来流量以及某个远程位置访问企业资源的流量。来自各个工作区域的流量大部分要使用主干电缆才能访问区域外或设施外的资源。因此,主干通常要求采用光缆之类高带宽介质。典型的 LAN 布线区域图如图 7-3 所示。

7.3.3 介质类型

要判断成功建立 LAN 连接和 WAN 连接所需的电缆,必须考虑不同的介质类型。我们学过物理层部署可以采用许多不同方式来支持多种介质类型:UTP(5 类、5e 类、6 类和 7 类)、光纤、无线介质。

直通电缆用于连接:交换机到路由器;计算机到交换机;计算机到集线器。

交叉电缆用于连接:交换机到交换机;交换机到集线器;集线器到集线器;路由器到路由器;计算机到计算机;计算机到路由器(局域网接口)。

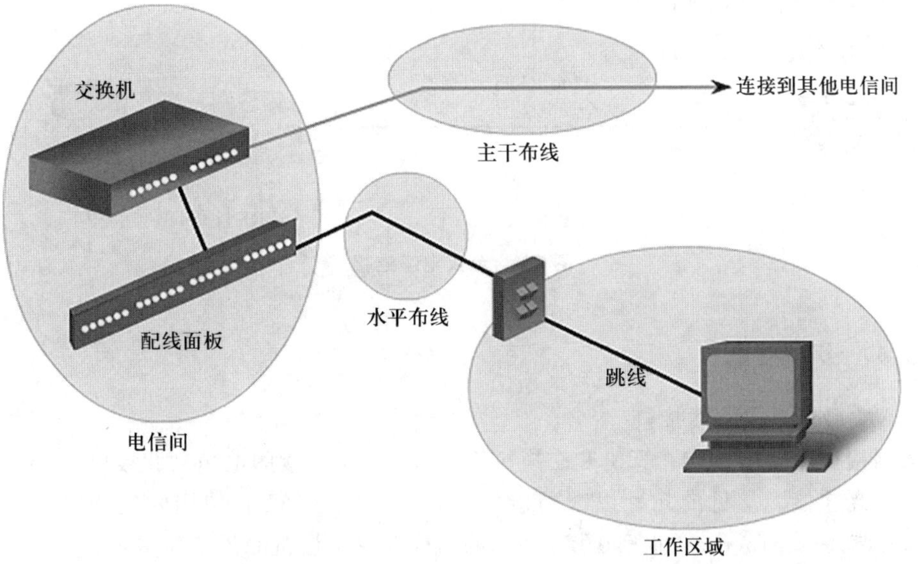

图 7-3 LAN 布线区域图

根据图 7-4 中连接的设备，请在图上标注使用的电缆类型。

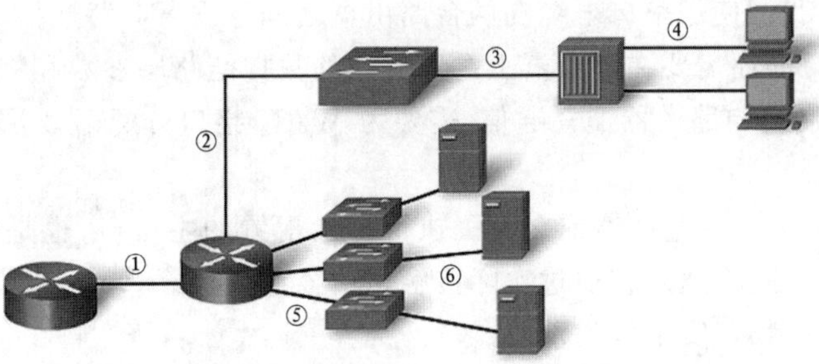

图 7-4 标注电缆类型

全反电缆：

通常网络设备没有自己的显示器、键盘或者轨迹球和鼠标之类输入设备。访问网络设备进行配置、验证或故障排除，需要通过设备与计算机之间的连接完成。为了实现此连接，计算机要运行一种程序，称为终端仿真程序。终端仿真程序是一种软件程序，一台计算机通过它可以访问另一台设备上的功能。这样，人们使用一台计算机的显示器和键盘就可以操作其他设备，如同使用直接连接到该设备的键盘和显示器一样。运行终端仿真程序的计算机与该设备之间一般通过串行接口建立电缆连接。使用 Cisco 提供的控制台电缆将计算机连接到控制台端口。每台路由器和交换机都随附有控制台电缆，其一端为 DB-9 插头，另一端为 RJ-45 水晶头。将 DB-9 插头插入计算机上的可用 EIA/TIA 232 串行端口即可与控制台建立连接。需要着重记住的是：如果有多个串行端口，应该记录下用于控制台连接的端口号。与计算机建立串行连接后，将电缆的 RJ-45 端直接连接到路由器上的控制台接口中。许多新型计算机没有 EIA/TIA 232 串行接口。如果计算机只有 USB 接口，应该使用 USB 转串口电缆接入控制台端口。将转换电缆连接到计算机上的 USB 端口，然后将控制台电缆或 RJ-45 转 DB-9 适配器连接到此电缆。具体连接如图 7-5 所示。

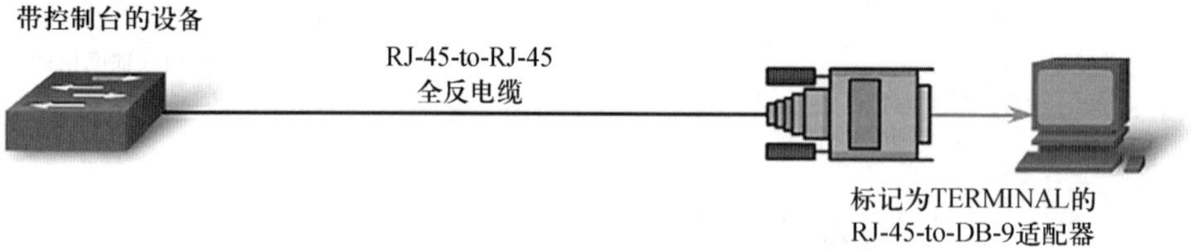

图 7-5 全反电缆连接

7.3.4 设备接口

1. LAN 接口 - 以太网接口

以太网接口用于连接与计算机和交换机等 LAN 设备端接的电缆。此接口还可用于路由器之间的相互连接。常见的几种以太网接口命名规范包括 AUI(使用收发器的旧 Cisco 设备)、Ethernet、FastEthernet 和 Fa0/0。使用的名称取决于设备的类型和型号。

2. WAN 接口 - 串行接口

串行 WAN 接口用于将 WAN 设备连接到 CSU/DSU。CSU/DSU 是在数据网络和 WAN 提供商的电路之间建立物理连接的设备。我们的实验中也要使用路由器之间的串行接口。出于实验目的,我们使用串口电缆在两台路由器之间建立背对背连接,并在一个接口上设置时钟频率。我们可能还需要在路由器上配置其他的数据链路层参数和物理层参数。要通过远程 WAN 中的控制台与路由器建立通信,需要为 WAN 接口分配第 3 层地址(IPv4 地址)。

3. 控制台接口

控制台接口是对 Cisco 路由器或交换机执行初始配置的主接口,也是排除故障的重要手段。需要着重注意的是:不速之客通过实际接触路由器的控制台接口可以中断或破坏网络通信。因此,网络设备的物理安全极为重要。

4. 辅助 (AUX) 接口

此接口用于路由器的远程管理。通常将一台调制解调器连接到 AUX 接口来提供拨号接入。出于安全考虑,如果启用远程连接网络设备的选项,就要承担相应的责任,警惕设备管理。

7.3.5 建立 WAN 连接

网络之间的广域连接有多种形式,其中包括:电话线 RJ11 接口,用于拨号连接或数字用户线路 (DSL) 连接;60 针串行连接。在 PT 实验平台中会用到一种物理串口电缆连接路由器。两种电缆的网络端都使用较大的 Winchester 15 针连接器。

数据通信设备和数据终端设备是用于维护发送设备和接收设备之间链路的设备类型。

数据通信设备 (DCE) - 为其他设备提供时钟服务的设备。此设备通常为位于链路的 WAN 接入提供商端。

数据终端设备 (DTE) - 从其他设备接收时钟服务并做相应调整的设备。此设备通常位于链路的 WAN 客户端或用户端。

如果路由器使用串行连接直接连接到服务提供商或提供信号同步服务的设备,如通道服务单元/数据服务单元 (CSU/DSU),则视该路由器为数据终端设备 (DTE) 并对其使用 DTE

串口电缆。请注意,有时候(特别是在实验中)需要本地路由器提供时钟频率,因此会使用数据通信设备(DCE)电缆。DCE 和 DTE 用于 WAN 连接中。提供发送设备和接收设备双方均可接受的时钟频率可以维持通过 WAN 连接实现的通信。大多数情况下由电信运营商或 ISP 提供用于同步传输信号的时钟服务。DCE 和 DTE 串行 WAN 连接如图 7-6 所示。

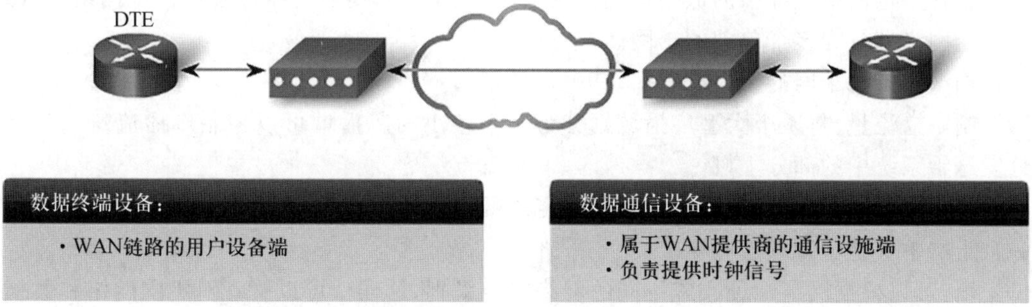

图 7-6　DCE 和 DTE 串行 WAN 连接

在实验环境下建立两台路由器之间的 WAN 连接时,我们使用串口电缆连接两台路由器,来模拟一个点对点 WAN 链路。在此情况下,要确定控制时钟的路由器。路由器在默认情况下是 DTE 设备,但也可配置为 DCE 设备。V.35 电缆有 DTE 和 DCE 两种型号。要在两台路由器之间创建点对点串行连接,需要将 DTE 电缆和 DCE 电缆连接到一起。每根电缆都带有一个连接器,用于插接其互补型号。这些连接器经过如此配置后,如果错误地连接两根 DCE 电缆或两根 DTE 电缆,则无法将其连接到一起。实验中的 WAN 连接如图 7-7 所示。

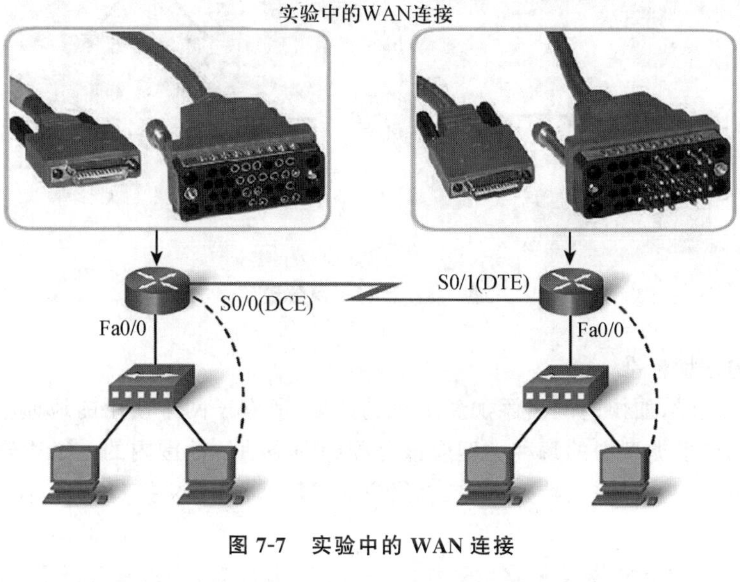

图 7-7　实验中的 WAN 连接

7.3.6　制定编址方案

要制定网络的编址方案,首先要确定主机总数,考虑现在和将来需要 IP 地址的每台设备。需要 IP 地址的终端设备包括:用户计算机、管理员计算机、服务器、其他终端设备(如打印机、IP 电话和 IP 相机)。需要 IP 地址的网络设备包括:路由器 LAN 接口、路由器 WAN (串行)接口。需要 IP 地址进行管理的网络设备包括:交换机、无线接入点。

网络中可能还有其他设备也需要 IP 地址。请将其添加到此清单中,然后估算需要多少地址才能解决新增设备时的网络发展。确定了当前和未来的主机总数后,再考虑可用的地址范围及其在给定网络地址中的适当位置。接下来,确定是将所有主机放在同一个网络中,还是应将整个网络划分为多个单独的子网。

将网络划分为子网的原因有很多,其中包括:

控制广播流量:将一个大型广播域划分为多个较小的广播域可以控制广播流量。每个广播只发送给系统中的部分主机。

网络要求不同:如果不同用户组需要特定的网络或计算设施,将要求相同的用户全部集中到一个子网中更易于管理这些要求。

安全:可以根据网络地址实施不同的网络安全级别,这样就可以管理对不同网络和数据服务的访问。

计算子网数量:每个网络都需要一个路由器接口作为该子网的默认网关。此外,路由器之间的每个连接也是一个单独的网络,请计算图 7-8 所示子网的数量。

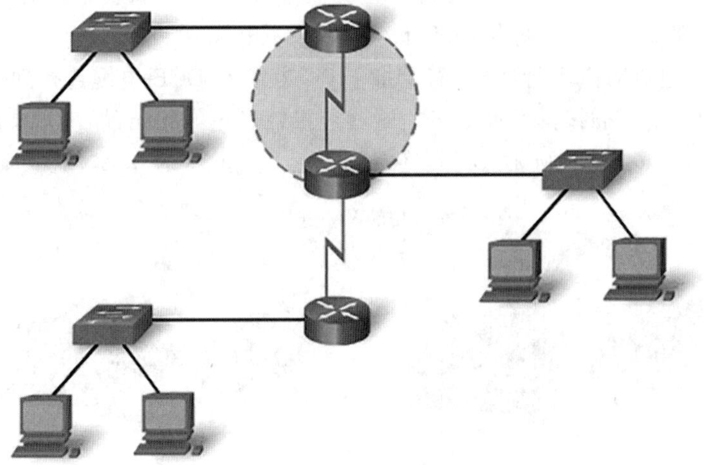

图 7-8 计算子网数量

设计网络的地址标准

为便于排除故障,加快向网络添加新主机的速度,所有子网中使用的地址应该采取同一种模式。下列不同设备类型中的每种类型应该分配到网络地址范围内的一个逻辑地址块中。主机的不同类别包括:一般用户、特殊用户、网络资源、路由器 LAN 接口、路由器 WAN 链路、管理访问。

例如,在为充当 LAN 网关的路由器接口分配 IP 地址时,一般使用子网范围内的第一个(最小)或最后一个(最大)地址。这种统一做法有助于进行配置和故障排除。分配标准参看图 7-9 给出的具体网络示例。

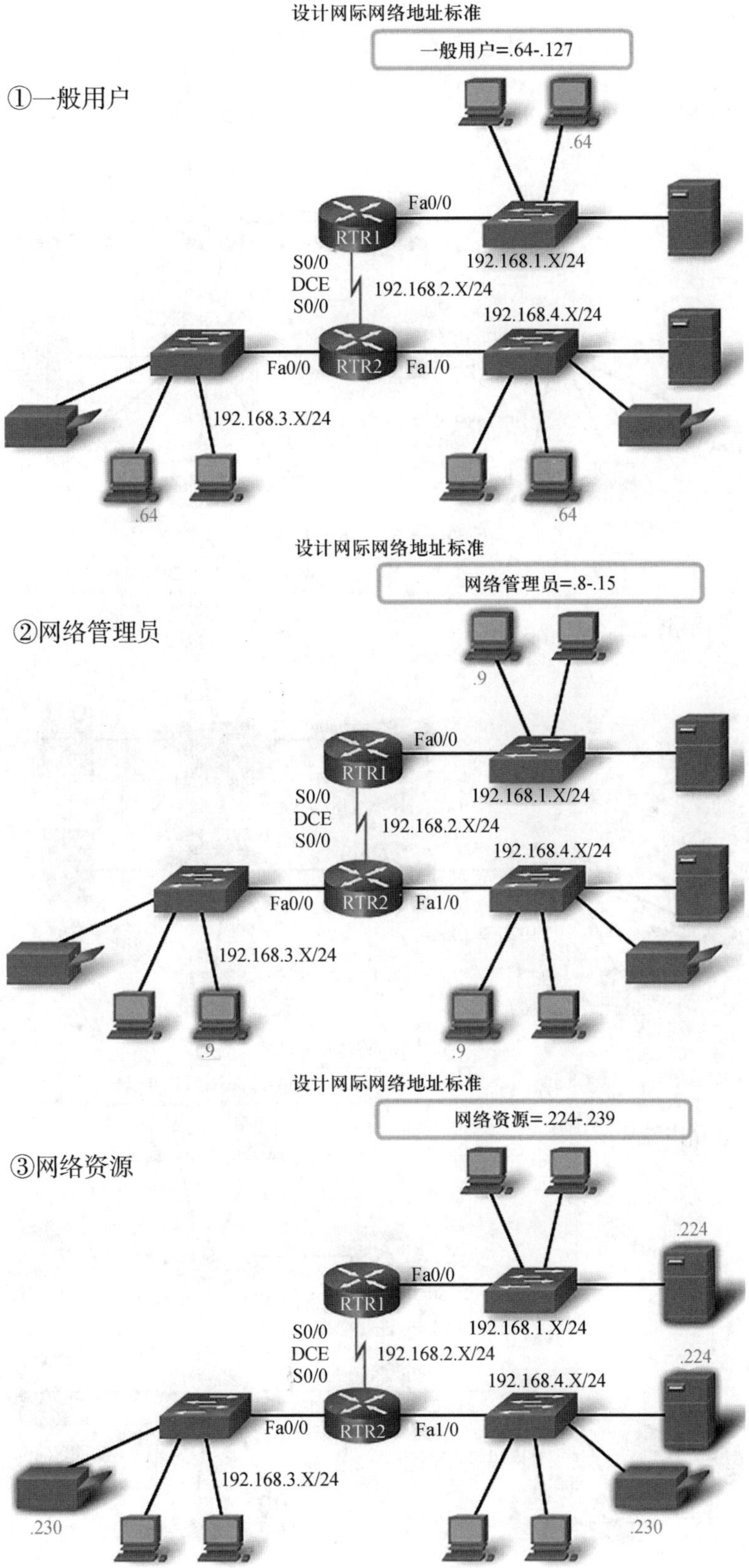

图 7-9　接口地址分配标准

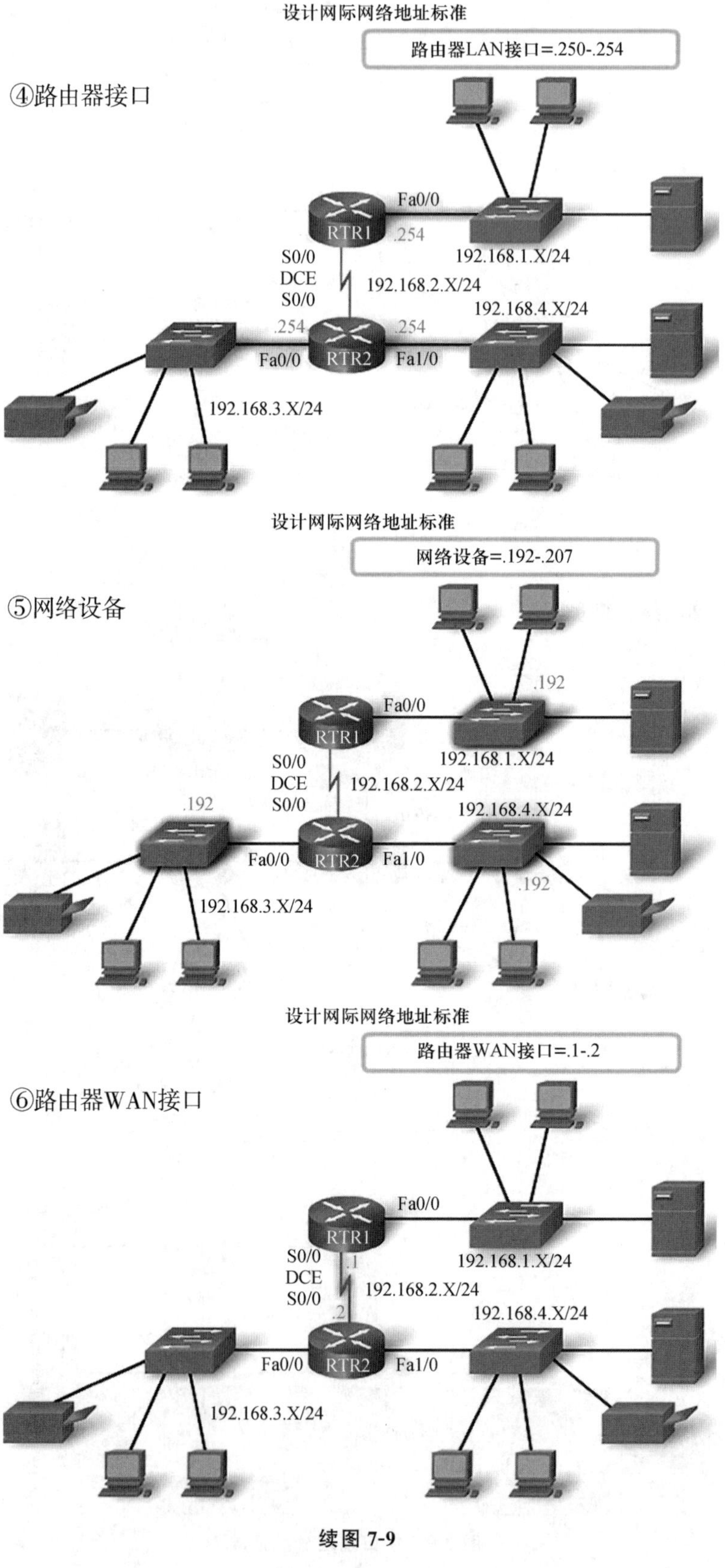
设计网际网络地址标准
路由器LAN接口=.250-.254
④路由器接口
Fa0/0
RTR1
.254
192.168.1.X/24
S0/0
DCE
S0/0
192.168.2.X/24
192.168.4.X/24
.254
.254
Fa0/0
RTR2
Fa1/0
192.168.3.X/24
设计网际网络地址标准
网络设备=.192-.207
⑤网络设备
.192
Fa0/0
RTR1
192.168.1.X/24
S0/0
DCE
S0/0
192.168.2.X/24
.192
192.168.4.X/24
Fa0/0
RTR2
Fa1/0
.192
192.168.3.X/24
设计网际网络地址标准
路由器WAN接口=.1-.2
⑥路由器WAN接口
Fa0/0
RTR1
S0/0
.1
192.168.1.X/24
DCE
192.168.2.X/24
S0/0
.2
192.168.4.X/24
Fa0/0
RTR2
Fa1/0
192.168.3.X/24

续图 7-9

7.4　任务实施

子任务 1　使用不同类型介质连接设备

在工程实施中，必须选择正确的传输介质，通过正确的端口连接设备。在许多情况下使用错误类型的电缆连接到错误端口会损坏设备。在 Packet Tracer 平台中会选择不同类型的介质来连接设备，由于连接器相同，可能会将其插入错误的端口。在本次实践技能练习中，我们将检查设备配置，选择正确的介质类型连接设备，然后验证连通性，任务拓扑见图 7-10。

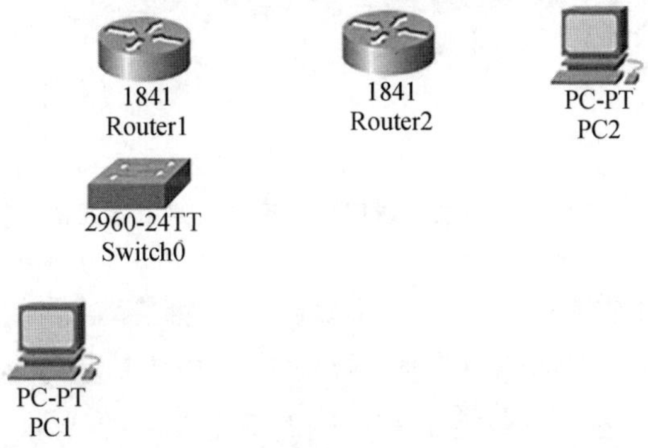

图 7-10　任务拓扑图 4

1. 查看路由器配置

单击两个路由器，使用配置选项卡检查配置，如图 7-11 所示。

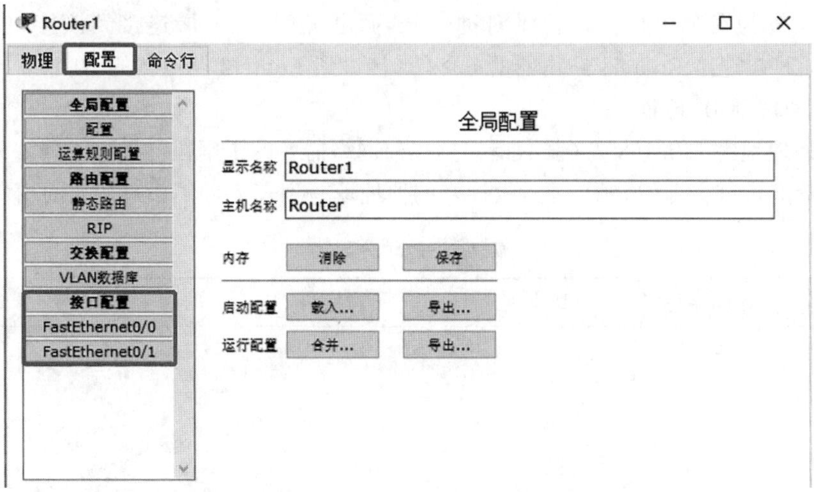

图 7-11　使用配置选项卡检查路由器配置

2. 添加广域网模块 WIC-2T

通过查看路由器配置，发现在 PT 平台的路由器，在默认的情况没有添加广域网模块，需要为路由器 Router1、Router2 手动添加广域网模块，添加广域网模块后再查看路由器的配置选项卡，如图 7-12 所示。

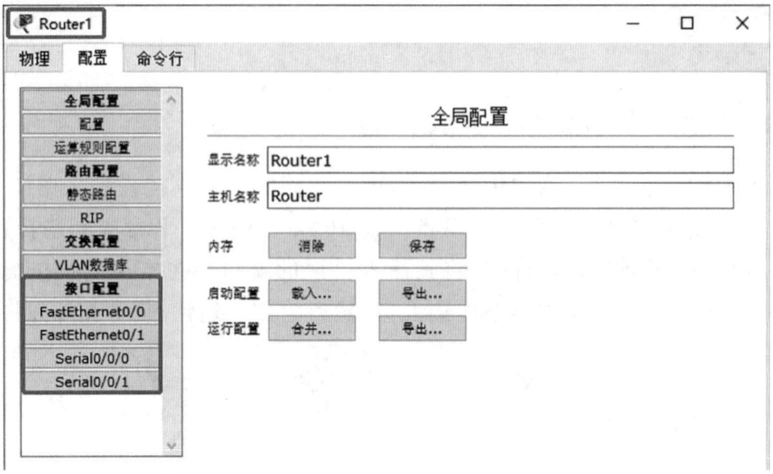

图 7-12　添加广域网模块后检查路由器配置

3. 使用正确类型的介质连接设备

使用直通电缆将 Router1 的接口 FastEthernet0/0 连接到交换机的接口 FastEthernet0/1，并且将 PC1 的网卡连接到交换机的接口 FastEthernet0/2。

PC 可以使用交叉铜缆直接连接到路由器，使用交叉铜缆将 Router2 的接口 FastEthernet0/0 连接到 PC2 的网卡。

两个地点之间的专用租用线路包含连接到 CSU/DSU 或调制解调器等 DCE(数据通信设备)的 DTE(数据终端设备)，例如路由器。DCE 连接到服务提供商的本地回路。DCE 为同步串行通信提供时钟信号。在实验环境或 Packet Tracer 中，使用串行交叉电缆来模拟这种连接。一个路由器配置为在其串行接口提供时钟信号，而电缆的 DCE 端连接到该接口。我们使用 V. 35 线的 DCE 端连接 Router1 路由器的 S0/0/0 接口到 Router2 路由器的 S0/0/0 接口。

4. 设计和规划 IP 地址

已知网络地址为 192. 168. 1. 0/24，请根据当前网络需要的子网数量进行子网划分，按照设计网络的地址标准进行合理的分配，并将设计好的地址填写到表 7-1 中，没有使用的端口填写为无。

表 7-1　地址分配表

设备名称	端口名称	IP 地址	子网掩码	时钟频率	端口状态
Router1	S0/0/0				
	S0/0/1				
	F0/0				
	F0/1				
Router2	S0/0/0				
	S0/0/1				
	F0/0				
	F0/1				
PC1	网卡				
PC2	网卡				

5. 为网络设备分配 IP 地址等信息

按照地址分配表为网络设备分配 IP 地址等信息，路由器 IP 地址使用 GUI 的方式分配，注意 DCE 端的时钟频率设置为 64 000，PC 机需要设置默认网关信息。

6. 使用 GUI 配置路由协议

Router1 和 Router2 路由器需要配置路由协议，使用 PT 平台 GUI 的方式配置静态路由协议。

7. 验证连通性

从 PC1 的桌面打开命令提示符窗口，然后发出命令 ping PC2 的 IP 地址。如果 ping 失败，请检查连接并排除故障，直到 ping 成功为止。请将故障点的查找和解决方法记录在下面：

____

____

____

____

____

____

____

____

子任务 2 IP 地址规划与计算

本任务以网络拓扑（图 7-13）需求为主线，以网络管理员身份合理进行 IP 地址规划和计算，开始创建网络文档。

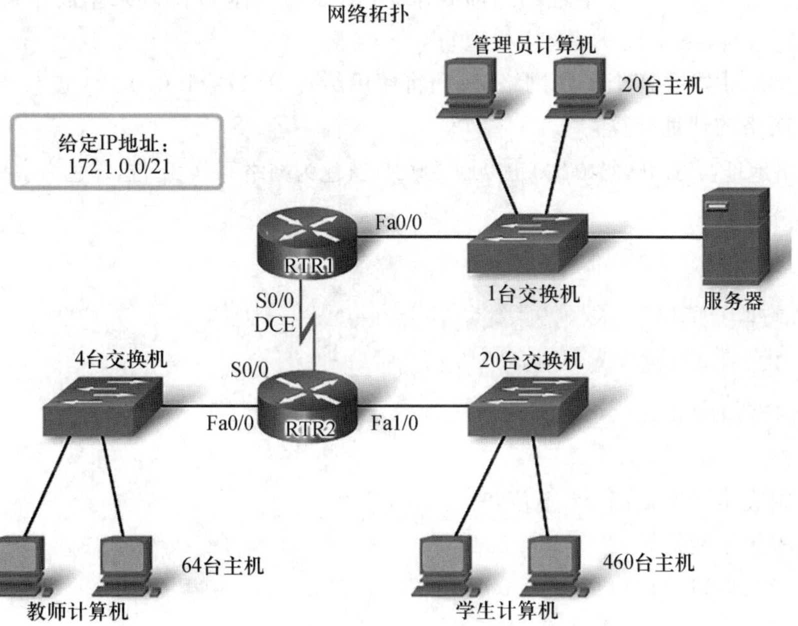

图 7-13 网络拓扑图 8

1. 确定子网主机数量

学生 LAN	教师 LAN	管理员 LAN	WAN
学生计算机:460 路由器(LAN 网关):1 交换机(管理):20	教师计算机:64 路由器(LAN 网关):1 交换机(管理):4	管理员计算机:20 服务器:1 路由器(LAN 网关):1 交换机(管理):1	路由器间的 WAN:2
学生子网合计:481	教师子网合计:69	管理员子网合计:23	WAN 合计:2

2. 分配方法

有两种方法可用于为网际网络分配地址。我们可以使用可变长子网掩码（VLSM），即根据每个网络中的主机数量确定子网网络部分位数和主机部分位数。也可使用非 VLSM 方法，即所有子网使用相同的网络部分位数和主机部分位数。我们将针对步骤 1 确定的子网主机数量学习这两种方法。

方法一:不使用 VLSM 计算和分配地址

使用非 VLSM 方法分配地址时，分配给所有子网的地址数量相同。为了给每个网络提供足够的地址数量，我们根据最大网络的地址要求决定所有网络的地址数量。

在本例中，学生 LAN 是最大的网络，需要 481 个地址。我们将使用此公式计算主机数量：

可用主机数量 = 2^n-2，因为 2 的 9 次方是第一个大于 481 的 2 的幂，所以用 9 作为 n 的值。

借用 9 个位作为主机部分得出以下计算结果：

$$2^9 = 512$$

512−2 = 510 个可用主机地址

此数量符合至少 481 个地址的当前要求，并有少量余地可供未来拓展所需。因此，网络位位数为 23(总共 32 个位−9 个主机位)。

由于此网络中需要四个子网网络，我们将使用给定 IP 172.1.0.0 /21 进行子网划分，下面来分析子网网络的地址计算：

初始网络地址:172.1.00000 000.00000000/21(黄色为网络部分 21 位，绿色为主机部分 11 位)

子网划分后：

子网 0:172.1.0000000 0.00000000/23

子网 1:172.1.0000001 0.00000000/23

子网 2:172.1.0000010 0.00000000/23

子网 3:172.1.0000011 0.00000000/23

地址:172.16.0.0

以二进制表示子网掩码 23 个位：

十进制表示子网掩码:255.255.254.0

11111111.11111111.11111110.00000000

学生 LAN

学生网络分配的地址范围是：

172.1.0.1 到 172.1.1.254，广播地址为 172.1.1.255。

管理员 LAN

管理员网络分配的地址范围是：

172.1.2.1 到 172.1.3.254，广播地址为 172.16.3.255。

教师 LAN

教师网络分配的地址范围是：

172.1.4.1 到 172.1.5.254，广播地址为 172.1.5.255。

教师 LAN 的 512 个地址中，实际使用的只有 23 个。

WAN

在 WAN 中，两台路由器之间存在一个点对点连接。此网络只需要两个 IPv4 地址，分配给此串行链路中的路由器。

教师网络分配的地址范围是：

172.1.6.1 到 172.1.7.254，广播地址为 172.1.7.255。

方法二：使用 VLSM 计算和分配地址

使用 VLSM 分配方法可以按照需要为每个网络分配更小的地址块。

学生 LAN

最大的子网是需要 460 个地址的学生 LAN。使用公式可用主机数量 = 2^n-2，借用 9 个位作为主机部分，得出 512－2 = 510 个可用主机地址。此数量符合当前的要求，并有少量余地可供未来发展所需。

初始网络地址：172.1.00000 000.00000000/21（黄色为网络部分 21 位，绿色为主机部分 11 位）

子网划分后：

子网 0：172.1.0000000 0.00000000/23

主机地址范围是：172.1.0.1—172.1.1.254/23

广播地址是：172.1.1.255/23

子网 1：172.1.0000001 0.00000000/23

子网 2：172.1.0000010 0.00000000/23

子网 3：172.1.0000011 0.00000000/23

将子网 0 分配给学生网络，IPv4 主机地址范围是：172.1.0.1 到 172.1.1.254，广播地址为 172.1.1.255。由于这些地址已经分配给学生 LAN，因此就不能再分配给其余子网，如教师 LAN、管理员 LAN 和 WAN。尚可分配的地址是子网 1 范围内的地址。

教师 LAN

第二大网络是教师 LAN。此网络至少需要 66 个地址。如果在 2 的幂公式中使用 6 为指数，则 2^6-2 只能提供 62 个可用地址。因此，必须使用有 7 个主机位的地址块。计算 2^7-2 可以得出有 126 个地址的地址块。这样就留下 25 个位可分配给网络地址。同样大小的下一个可用地址块是子网 1 网络：172.1.2.0 /23

初始网络地址：子网 1：172.1.0000001 0.00000000/23（黄色为网络部分 23 位，绿色为主机部分 9 位）

子网划分后：

子网 0：172.1.00000010.0 0000000/25

主机地址范围是：172.1.2.1—172.1.2.126/25

广播地址是：172.1.2.127/25

子网 1：172.1.00000010.1 0000000/25

子网 2：172.1.00000011.0 0000000/25

子网 3：172.1.00000011.1 0000000/25

如此提供的 IPv4 主机地址范围是：172.1.2.1 到 172.1.2.126，广播地址为 172.1.2.127。从原始地址块 172.1.0.0 /21 中分配出地址 172.1.0.0 到 172.1.2.127。

管理员 LAN

管理员 LAN 需要支持 23 台主机。因此，需要 5 个主机位。并使用算式：2^5-2。可以支持这些主机的下一个可用地址块是 172.1.2.128 /25 地址块。

初始网络地址：子网 1： 172.1.00000010.1 0000000/25（黄色为网络部分 25 位，绿色为主机部分 7 位）

子网划分后：

子网 0：172.1.00000010.1 0000000/27

主机地址范围是：172.1.2.129—172.1.2.190/27

广播地址是：172.1.2.191/27

子网 1：172.1.00000010.1 0100000/27

子网 2：172.1.00000010.1 1000000/27

子网 3：172.1.00000010.1 1100000/27

如此提供的 IPv4 主机地址范围是：172.1.2.129 到 172.1.2.158，广播地址为 172.1.2.159。所得结果即为管理员 LAN 的 23 个唯一 IPv4 地址。

WAN

最后一个网段是 WAN 连接，需要 2 个主机地址。只需 2 个主机位即可支持 WAN 链路。$2^2-2=2$。可以支持这些主机的下一个可用地址块是子网 1：172.1.00000010.10100000/26

初始网络地址：子网 1：172.1.00000010.101 00000/27（黄色为网络部分 27 位，绿色为主机部分 5 位）

子网划分后：

子网 0：172.1.00000010.101000 00/30

主机地址范围是：172.1.2.161—172.1.2.162/30

广播地址是：172.1.2.163/3

子网 1：172.1.00000010.101001 00/30

子网 2：172.1.00000010.101010 00/30

子网 3：172.1.00000010.101011 00/30

子网 4：172.1.00000010.101100 00/30

子网 5：172.1.00000010.101101 00/30

子网 6：172.1.00000010.10111000/30

子网 7：172.1.00000010.10111100/30

如此提供的 IPv4 主机地址范围是：172.1.2.161 到 172.1.2.162，广播地址为 172.1.2.163。

至此，使用 VLSM 为例分配地址的过程已完成。如果将来需要通过调整支持网络的发展，还可以使用后面未分配的地址继续使用。

子任务3　综合技巧练习1

某网络系统集成公司现有一工程项目，为某企业规划和设计网络，现有一个网络地址为 172.4*.0.0/16(*为小组号，第5组就是 172.45.0.0/16)，你作为该公司的网络工程师使用子网划分技术为此企业网络做如下要求的网络设计：

(1)销售部有 200 台主机

(2)工程部有 200 台主机

(3)人事部有 200 台主机

公司网络拓扑如图 7-14 所示。

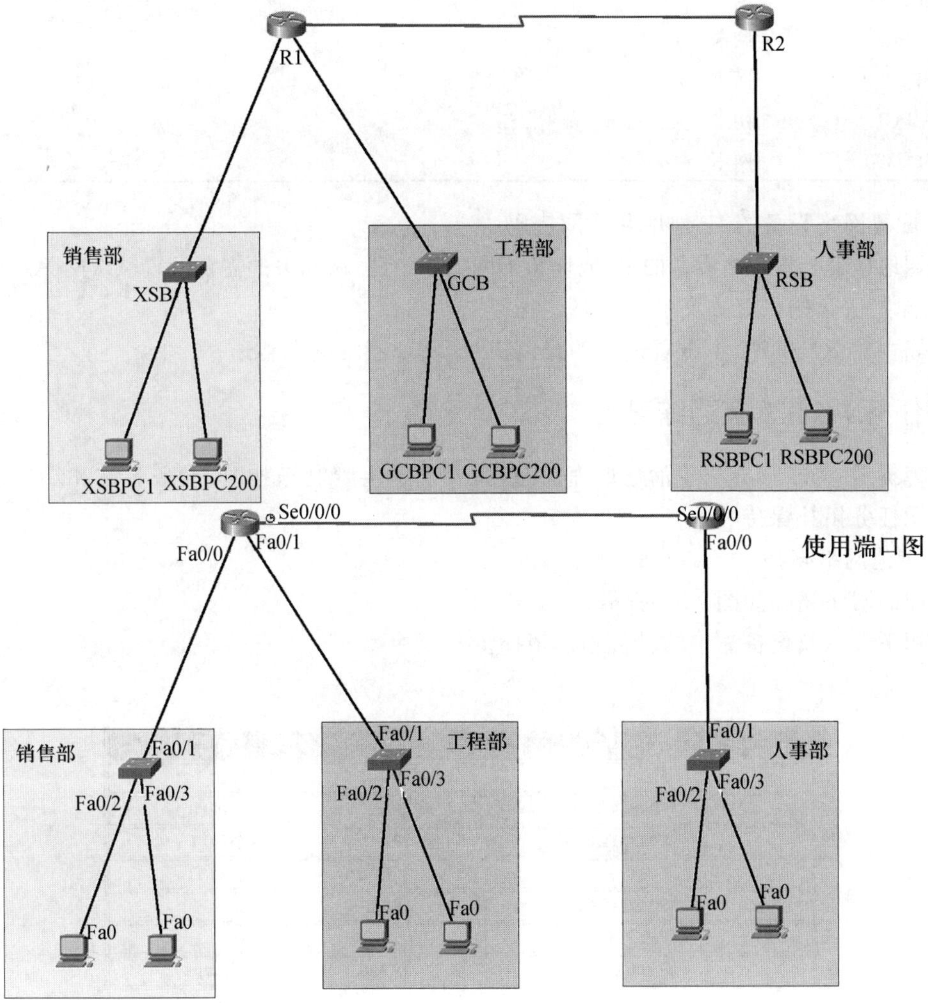

图 7-14　网络拓扑图 9

1. 绘制拓扑图

使用 PT 按照拓扑图绘制网络拓扑，设备端口使用和设备名称必须与图示一致。

2. 设计与计算 IP 地址

使用子网划分技术规划和计算 IP 地址，请将规划后的地址填写下面的 IP 地址分配表，PC 地址选择有效合理即可，路由器局域网口 f0/0 或 f0/1 端口均使用所在网络下最大的 IP 地址。IPv4 地址分配见表 7-2。

表 7-2　IPv4 地址分配表

设备名称	端口	IPv4 地址	子网掩码	默认网关
R1	S0/0/0			无
	F0/0			无
	F0/1			无
R2	S0/0/0			无
	F0/0			无
XSBPC1	网卡			
XSBPC200	网卡			
GCBPC1	网卡			
GCBPC200	网卡			
RSBPC1	网卡			
RSBPC200	网卡			

3. 配置网络设备的 IP 地址和子网掩码

按照地址表配置网络设备的 IP 地址和子网掩码，有默认网关的需要配置默认网关。

4. 配置适合的路由协议

在路由器 R1 和 R2 上配置适合的路由协议，实现网络的全连通。

子任务 4　综合技巧练习 2

温馨提示：为了培养学生治学严谨的态度，要求学生绘制拓扑时，设备名称和端口使用必须与所示任务拓扑保持一致。

1. 创建网络拓扑

创建的网络拓扑如图 7-15 所示。

使用下表以及设备池中的设备创建拓扑。

路由器：

主机名	接口	连接到	接口
R1	Fa0/0	SW-1	Fa0/1
R1	S0/0/0 (DCE)	R2	S0/0/0
R1	S0/0/1 (DCE)	R3	S0/0/1
R2	Fa0/0	SW-2A	Fa0/1
R2	S0/0/1 (DCE)	R3	S0/0/0
R2	Fa0/1	SW-2B	Fa0/1
R3	Fa0/0	SW-3	Fa0/1

交换机：

主机名	接口	连接到	接口
SW-1	Fa0/2	PC-1A	FastEthernet
SW-2A	Fa0/2	PC-1B	FastEthernet
SW-2B	Fa0/2	Eagle_Server	FastEthernet
SW-3	Fa0/2	PC-1C	FastEthernet

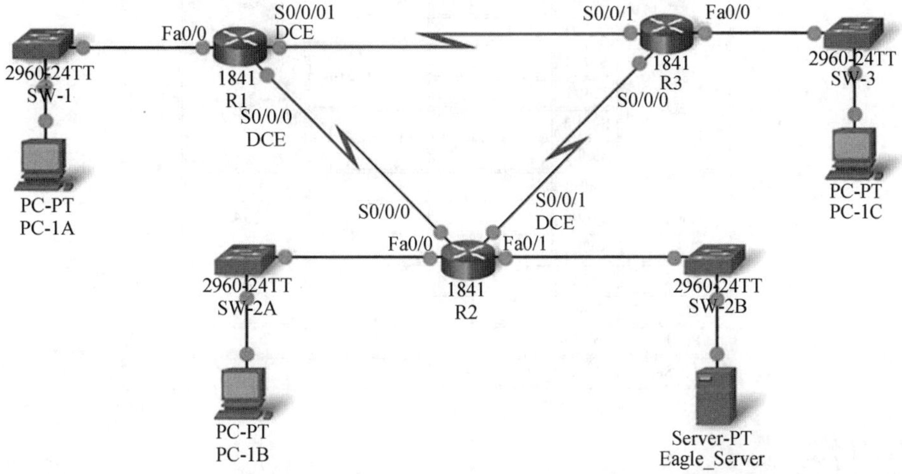

图 7-15　网络拓扑图 10

2. 制定和分配寻址方案

需要使用 192.168.1.0/24 地址空间。总计需要 7 个网络；请根据所需主机数量按照从多到少的顺序分配网络，以便高效利用地址空间。使用下表制定有效的寻址方案：

LAN：

主机名	接口	主机数量
R1	Fa0/0	60
R2	Fa0/0	10
	Fa0/1	30
R3	Fa0/0	7

WAN：

主机名	要分配的地址	主机数量
R1-R2	R1 – 第一个主机地址	2
R1-R3	R1 – 第一个主机地址	2
R2-R3	R2 – 第一个主机地址	2

按照以下规则分配 IP 地址，并填写下面的地址分配表：

①PC 使用子网中的第一个主机地址。

②服务器使用其子网中的第二个到最后一个主机地址。

③路由器上的所有 FastEthernet 端口使用所分配的子网的最后一个主机地址。

④R1-R2 链路使用第一个 WAN 子网，其中 R1 使用第一个可用的地址，R2 使用最后一个可用的地址。

⑤R1-R3 链路使用第二个 WAN 子网，其中 R1 使用第一个可用的地址，R3 使用最后一

个可用的地址。

⑥R2-R3 链路使用第三个 WAN 子网，其中 R2 使用第一个可用的地址，R3 使用最后一个可用的地址。

⑦DCE 接口的时钟速率应为 56 000。

设备	接口	IP 地址	子网掩码	默认网关
R1	Fa0/0			不适用
	S0/0/0			
	S0/0/1			
R2	Fa0/0			不适用
	Fa0/1			
	S0/0/0			
	S0/0/1			
R3	Fa0/0			N/A
	S0/0/0			
	S0/0/1			
PC-1A	NIC			
PC-1B	NIC			
PC-1C	NIC			
Eagle_Server	NIC			

3. 接口配置

按照上述编址方案执行 R1、R2 和 R3 路由器、PC 以及服务器的接口配置。

4. 测试连通性

确保所有 PC 都能 ping 其网关、其他 PC 和服务器。

7.5 任务小结

本任务重在使用实际网络工程流程实现对前面知识的总结和归纳，并形成连贯清晰的网络知识体系，使用 OSI 模型各层的功能和 TCP/IP 协议的工作原理为主线，并能够根据网络需求搭建网络拓扑，根据已知 IP 地址进行 IP 地址的规划与计算，并能够对网络进行 IP 地址及使用 GUI 配置路由器和路由表，最终实现全网连通。在任务实施中重点掌握各种不同的介质及所连设备的作用，设备的选择和网络编址方案的设计，网络设备的配置，网络故障的检测与排除。

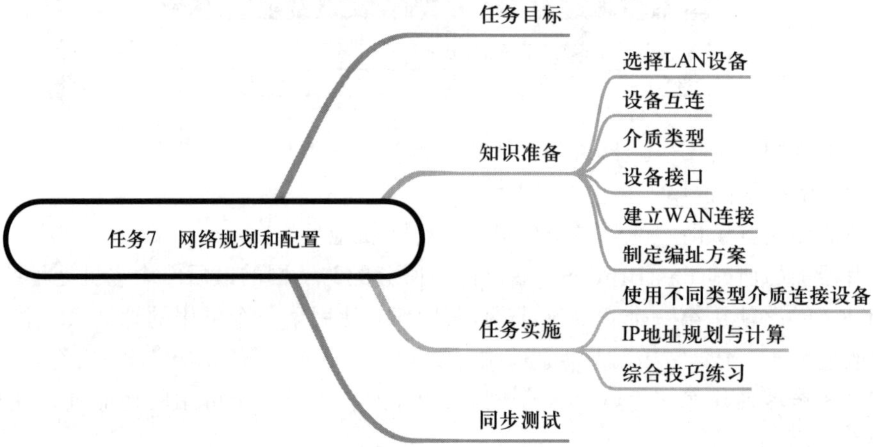

7.6　同步测试(共 10 题,每题 10 分)

1. 网络管理员必须在网络中使用电缆长度无需中继器即可达 100 m 的介质。所选介质必须价格适中并易于安装,而且需要在布线空间受到限制的现成建筑物内实施安装。哪种类型的介质最适合这些要求?(　　)

A. 多模光纤　　B. 同轴电缆
C. 单模光纤　　D. UTP

2. "衰减"一词在数据通信中是什么意思?(　　)

A. 信号到达其目的地的时间
B. 信号从一个线对泄露到另一个线对
C. 信号强度随着距离的增加而减弱
D. 网络设备对信号的强化

3. 在使用网络地址 130.68.0.0 和子网掩码 255.255.248.0 时,每个子网上可以分配多少个主机地址?(　　)

A. 30　　B. 2 046　　C. 256　　D. 2 048

4. 要为每个子网提供 254 个可用主机地址,应该将以下哪个子网掩码分配给网络地址 192.168.32.0?(　　)

A. 255.255.0.0　　B. 255.255.255.0
C. 255.255.248.0　　D. 255.255.254.0

5. 终端和控制台端口之间使用哪种类型的网络电缆?(　　)

A. 交叉电缆　　B. 直通电缆
C. 跳线电缆　　D. 全反电缆

6. 以下哪种设备用于创建或划分广播域?(　　)

A. 交换机　　B. 网桥
C. 路由器　　D. 中继器

7. 请参见图示。PC1 会将哪个目的 IP 地址放入发往 PC2 的数据包报头中?(　　)

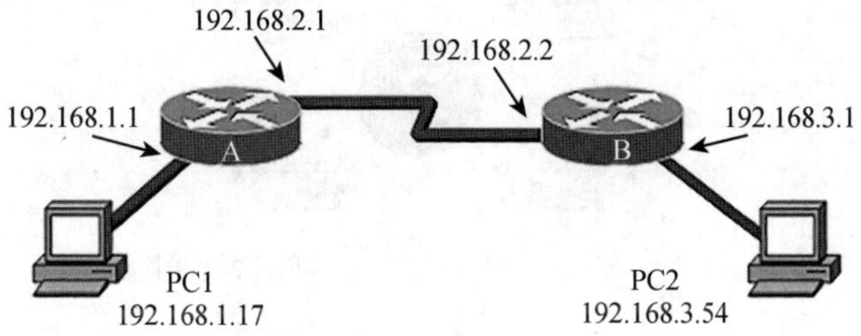

A. 192.168.3.54　　B. 192.168.3.1
C. 192.168.2.2　　D. 192.168.2.1

8. 请参见图示。根据显示的 IP 配置回答,主机 A 和主机 B 尝试在网段外通信的结果是什么?(　　)

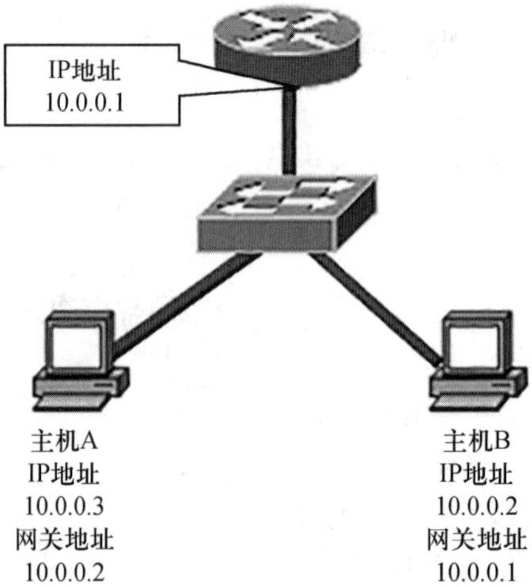

A. 主机 A 和主机 B 都会成功　　B. 主机 B 会成功，主机 A 会失败

C. 主机 A 会成功，主机 B 会失败　　D. 主机 A 和主机 B 都会失败

9. 请参见图示。支持图中显示的网络需要多少个子网？（　　）

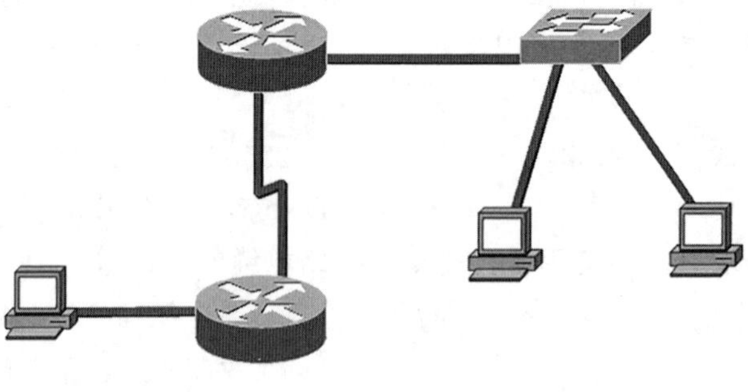

A. 3　　B. 2　　C. 4　　D. 5

10. 请参见图示。某学生准备建立一个家庭网络，主要用于大量文件传输、视频流和游戏。在显示的拓扑中，哪种网络设备最适合此类活动？（　　）

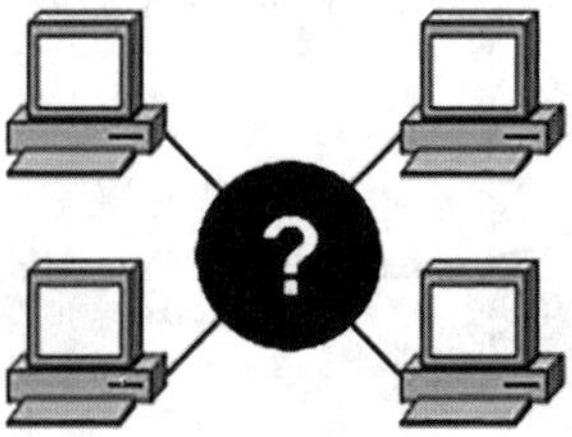

A. 无线接入点　　B. 可配置路由器

C. 交换机　　D. 集线器

参考答案

1. D　2. C　3. B　4. B　5. D　6. C　7. A　8. B　9. A　10. C

参考文献

[1] 蒋建峰,张娴．计算机网络原理与实践．北京:电子工业出版社,2018.
[2] 闫卫刚,杨雪峰,张楠．计算机网络基础．北京:电子工业出版社,2022.
[3] 叶沿飞．计算机网络基础项目化教程．北京:清华大学出版社,2022.
[4] 黄林国,黄颖欣欣．计算机网络基础:微课版．北京:清华大学出版社,2021.
[5] 何凯霖,陈轲．计算机网络基础．北京:人民邮电出版社,2018.